T0222951

Zustandsregelung

Hildebrand Walter

Zustandsregelung

Analyse und Synthese
von Zustandsregelungen
einschließlich Regleroptimierung

Hildebrand Walter
Sinzheim, Deutschland

ISBN 978-3-658-21074-8   ISBN 978-3-658-21075-5 (eBook)
https://doi.org/10.1007/978-3-658-21075-5

Die Deutsche Nationalbibliothek verzeichnet diese Publikation in der Deutschen Nationalbibliografie; detaillierte bibliografische Daten sind im Internet über http://dnb.d-nb.de abrufbar.

Springer Vieweg
© Springer Fachmedien Wiesbaden GmbH, ein Teil von Springer Nature 2019

Springer Vieweg ist ein Imprint der eingetragenen Gesellschaft Springer Fachmedien Wiesbaden GmbH und ist ein Teil von Springer Nature.
Die Anschrift der Gesellschaft ist: Abraham-Lincoln-Str. 46, 65189 Wiesbaden, Germany

Vorwort

Das vorgestellte Buch „Einführung in die Zustandsregelung" wendet sich in erster Linie an Studierende der Ingenieurwissenschaften von Technischen Hochschulen und Berufsakademien sowie an die in der Praxis stehenden Ingenieure, die sich in das Gebiet der Zustandsregelung einarbeiten oder ihre Kenntnisse auffrischen, vertiefen oder erweitern wollen. Die Stoffauswahl ist in sechs Kapiteln so gegliedert, dass mit Grundkenntnissen der Regelungstechnik eine erfolgreiche und schnelle Einarbeitung in das Gebiet der Zustandsregelung möglich ist:

Das erste Kapitel beschreibt in einer allgemeinen Übersicht das Wesen der Zustandsregelung, die gegenüber der „klassischen" Regelungstechnik veränderte Messgrößenerfassung, die neue Streckenbeschreibung sowie die Architektur eines neuen Reglerprinzips, dem des Zustandsreglers.

Im zweiten Kapitel wird erläutert, wie der Weg von der das System beschreibenden Differenzialgleichung zur Zustandsbeschreibung eines dynamischen Systems beschritten werden kann. Die Aufgabe ist hier, die Differenzialgleichung n-ter Ordnung in ein System von n Differenzialgleichungen erster Ordnung zu überführen. Durch Ergänzen mit einer weiteren Gleichung, der Ausgangsgleichung, wird so das Zustandsmodell definiert.

Steuerbarkeit und Beobachtbarkeit spielen bei der Zustandsregelung eine wichtige Rolle. Im Kapitel drei werden Kriterien angegeben, mit denen geprüft werden kann, ob diese Bedingungen bei einem System erfüllt sind.

Das Kapitel vier zeigt, wie Systemantworten aus der Zustandsbeschreibung sowohl im Zeitbereich als auch im Bildbereich berechnet werden können. Hierbei wird auch eine sogenannte Fundamentalmatrix definiert, die eine entscheidende Rolle bei diesen Rechenvorgängen spielt.

Das fünfte Kapitel behandelt das Verfahren der Polvorgabe. Es zeigt, wie man einen Zustandsregler bei vorgegebenen Wunschpolen für ein geregeltes System konstruieren kann.

Das sechste Kapitel widmet sich der Optimierung eines Regelkreises. Durch Vorgabe eines Gütekriteriums lässt sich in einem Optimierungsverfahren eine Matrix-Gleichung entwickeln, nach der ein optimaler Regler für ein gegebenes System berechnet werden kann.

Zahlreiche Bilder und Diagramme ergänzen die einzelnen Kapitel. Die jedem Kapitel zugeordneten Aufgaben mit ausführlichen Lösungen sind nicht nur für Übungszwecke vorgesehen, sie eignen sich auch komplett oder in Teilen als Prüfungsaufgaben.

Das Buch ist Teil meiner Vorlesung „Regelungstechnik", die ich an der Hochschule Offenburg und an der DHBW Karlsruhe in den vergangenen Jahren gehalten habe. Bei der Vorbereitung und Erstellung des Manuskriptes hat mich meine Kollegin, Frau Professor Dr. Angelika Erhardt, mit vielen Ratschlägen und Hinweisen nach Kräften unterstützt. Auch übernahm sie die Aufgabe des aufwendigen Korrekturlesens, der Kapiteldurchsicht sowie der Überprüfung der Beispiele und Übungsaufgaben. Für diese Mithilfe möchte ich mich herzlich bedanken. Ebenso danken möchte ich an dieser Stelle dem Springer Vieweg Verlag für die jederzeit gute, konstruktive und vor allem geduldige Zusammenarbeit.

Sinzheim/Baden-Baden   Hildebrand Walter
im Herbst 2018

Formelzeichen

a	Hebelarmlängen, große Halbachse einer Ellipse, Abflussquerschnitt
	Proportionalitätsfaktor
$\bar{A}$	$(n \times n)$-Systemmatrix, Dynamikmatrix
$\bar{A}_S$	erweiterte Systemmatrix
$a_0, a_1, a_2, \ldots$	Koeffizienten des Nennerpolynoms einer Übertragungsfunktion
$a_{ij}, b_{ij}, c_{ij}, d_{ij}$	Elemente der Matrizen $\bar{A}, \bar{B}, \bar{C}, \bar{D}$
$\bar{A}_R$	transformierte Systemmatrix
A, B, C, D, $\ldots$	Konstanten bei der Partialbruchzerlegung
A	Behälterquerschnitt
b	Hebellänge, kleine Halbachse einer Ellipse, Proportionalitätsfaktor
$\vec{b}$	$(n \times 1)$-Eingangsvektor
$\bar{B}$	$(n \times r)$-Eingangsmatrix
$b_0, b_1, b_2, \ldots$	Koeffizienten des Zählerpolynoms einer Übertragungsfunktion, Komponenten des Eingangsvektors
$\vec{b}_R$	transformierter Eingangsvektor
c	Federsteife bei einem mechanischen System
$\bar{C}$	$(m \times n)$-Ausgangsmatrix
$\vec{c}, \vec{c}^T$	Ausgangsvektor, transponierter Ausgangsvektor
$\vec{c}_R$	transformierter Ausgangsvektor
$c_0, c_1, c_2, \ldots$	Komponenten des Ausgangsvektors
C	Kapazität, Parameter
d	Durchgriff bei einem Eingrößensystem
δ	Abklingkonstante
$\bar{D}$	$(m \times r)$-Durchgangsmatrix
D_j	Determinante einer $(j \times j)$-Matrix
D	Determinante, Dämpfungszahl
D*	Unterdeterminanten
$\bar{E}$	Einheitsmatrix
$\vec{e}_j$	vektorielles Element der Steuerbarkeitsmatrix

F_z	Kraft auf ein mechanisches System
$\vec{f}^T = [f_1, \ldots, f_n]$	Reglervektor und dessen Komponenten
F_{z0}	Anfangswert einer Kraft
$\vec{F}$	Reglervektor
$\varphi(t)$	Fundamentalmatrix, Übergangsmatrix, Transitionsmatrix
f	Proportionalitätsfaktor bei der Optimierung
$G(s)$	Übertragungsfunktion
$G_w(s)$	Führungsübertragungsfunktion
$G_R(s)$	Reglerübertragungsfunktion
$G_S(s)$	Streckenübertragungsfunktion
g	Erdbeschleunigung
$h(t)$	Spiegelhöhe einer Flüssigkeit
i	elektrischer Strom
J	Massenträgheitsmoment, Gütekriterium
K_I	Integrationszeitkonstante
K	Verstärkungsfaktor
K_D	Differenzierbeiwert
$\bar{K}_{\text{opt}}$	optimale Rückführmatrix
K_1, K_2	Konstanten, Abkürzungen
K_S	Streckenverstärkung
K_P	Reglerverstärkung
$\vec{\lambda}$	Lagrange-Vektor
λ	Variable beim charakteristischen Polynom
L	Induktivität
m	Zählvariable, Anzahl der Nullstellen von $G(s)$, Masse, Rang einer Matrix
M_M	Momentenkonstante
$M_B(t)$	Beschleunigungsmoment
$M_R(t)$	Reibmoment
$M_M(t)$	Motormoment
n	Zählvariable, Ordnung einer Differenzialgleichung, Anzahl der Pole von $G(s)$, Ordnung einer Übertragungsfunktion, einer Differenzialgleichung
$N(s)$	Laplace-transformiertes Nennerpolynom einer Übertragungsfunktion
$\bar{0}$	Nullmatrix
$P^*(s)$	Zeichen für charakteristische Gleichung
$\bar{P}$	$(n \times n)$-Lösungsmatrix der Riccati-Gleichung
p_{ij}	Lösungen der Riccati-Gleichung
q	Gewichtfaktor für die Ausgangsgröße

$q_1, q_2, q_3, \ldots$	Pole bei dem Polvorgabeverfahren, Gewichtsfaktoren für die Zustandsgrößen
$\bar{Q}$	Steuerbarkeitsmatrix, Gewichtsmatrix für die Ausgangsgröße
$q_z(t), q_a(t)$	Zufluss-, Ausflussvolumen
R	Ohmscher Widerstand
r	Reibungskoeffizient bei einem mechanischen Dämpfungsglied
$r_1, r_2, \ldots$	Gewichtsfaktoren für die Steuergröße
$\bar{R}$	Gewichtsmatrix für die Steuergröße
r_k	Dämpfungskoeffizient
r	Gewichtsfaktor für die Steuergröße, Rang einer Matrix
$s_{1/2}$	Pole eines Übertragungssystems
$s = \sigma + j\omega$	komplexe Variable
$\sigma(t)$	Einheitssprungfunktion
s	Einheit Sekunde
T_1	Zeitkonstante
$\bar{T}$	Transformationsmatrix
T_n	Nachstellzeit
T_{ers}	Ersatzzeitkonstante
T_{1a}, T_{1b}	Zeitkonstanten unterschiedlicher Systeme
$u(t)$	Eingangsvariable, Eingangsgröße, Ankerspannung
$u(s)$	Laplace-Transformierte Eingangsgröße
u_C	Spannung am Kondensator
u_L	Spannung am induktiven widerstand
$\vec{u}(t)$	$(r \times 1)$-Eingangsvektor
u_R	Spannung am Ohmschen Widerstand
v	Geschwindigkeit einer Masse, skalare Größe, Vorfilter bei Eingrößensystemen, Ausflussgeschwindigkeit
$\omega(t)$	Winkelgeschwindigkeit
$w(t)$	Führungsgröße
x_e, x_a	Ein-/Ausgangsgrößen eines Hebelsystems
x_1	Federweg bei einem Hebelsystem
$\vec{x}(t)$	$(n \times 1)$-Zustandsvektor
$\vec{x}_0(t_0)$	Anfangswert des Zustandsvektors
$\vec{x}_R(t)$	transformierter Zustandsvektor
$\vec{x}^T(t)$	Zustandsvektor und dessen Komponenten
$x_1(t), x_2(t), x_3(t), \ldots$	Zustandsgrößen
$x_1(s), x_2(s), x_3(s), \ldots$	Laplace-transformierte Zustandsgröße
$y(t)$	Ausgangsgröße
$\vec{y}(t)$	Ausgangsvektor
$y(s)$	Laplace-transformierte Ausgangsgröße

$\dot{y}, \ddot{y}, \dddot{y}$	Bezeichnet erste, zweite, dritte Ableitung einer Variablen nach der Zeit
$y_1(t), \ldots, y_m(t)$	m Komponenten des Ausgangsvektors
$Z(s)$	Laplace-transformiertes Zählerpolynom einer Übertragungsfunktion
$z(t)$	Störgröße

Inhaltsverzeichnis

Bei der Analyse und Synthese linearer zeitinvarianter Übertragungsglieder mit konstanten Koeffizienten wird in der „traditionellen Regelungstechnik" auf das **Ein-/Ausgangsverhalten** dieser Systeme zurückgegriffen. Nicht lineare Systeme können in linearisierter Form bei dieser Betrachtungsweise berücksichtigt werden. Die internen Signalverläufe sind bei dieser Methode nur summarisch in der Ausgangsgröße enthalten. Das Übertragungsverhalten wird im Zeitbereich durch Differenzialgleichungen beschrieben, im Frequenzbereich durch die **Laplace-Transformation**. Hier ist auch die **Übertragungsfunktion** definiert, das Äquivalent zur Differenzialgleichung, die das Ein- Ausgangsverhalten eines dynamischen Systems beschreibt. Um diese Verfahren und ihre Beschreibungsmethoden von den moderneren Entwicklungen abzugrenzen, spricht man auch von der **klassischen Regelungstechnik**.

Beispiel 1.1
Betrachtet wird ein System zweiter Ordnung mit ausgangsseitiger Messgrößenerfassung.

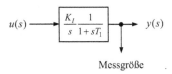

Abb. 1.1 Mögliche Messwerterfassung beim Ein- Ausgangsverfahren
$u(s)$ Eingangsgröße
$y(s)$ Ausgangsgröße
K_I Integrationszeitkonstante
T_1 Zeitkonstante

© Springer Fachmedien Wiesbaden GmbH, ein Teil von Springer Nature 2019
H. Walter, *Zustandsregelung*, https://doi.org/10.1007/978-3-658-21075-5_1

Abb. 1.2 Bezeichnung von Übertragungssystemen bei unterschiedlicher Anzahl von Ein-/Ausgängen
$m = 1$; $n = 1$; SISO: Single Input, Single Output
$m > 1$; $n = 1$; MISO: Multiple Input, Single Output
$m = 1$; $n > 1$; SIMO: Single Input, Multiple Output
$m > 1$; $n > 1$; MIMO: Multiple Input, Multiple Output

Häufig hat man es hier mit Übertragungssystemen mit einer unterschiedlichen Anzahl von Ein- und Ausgängen zu tun, was auch in die Namensgebung dieser Systeme einfließt, wie die Abb. 1.2 zeigt.

Handelt es sich um ein System mit *einer* Eingangs- und *einer* Ausgangsgröße, nennt man es auch **Eingrößensystem**. Systeme mit *mehreren* Ein- und Ausgangsgrößen **Mehrgrößensysteme**. Hier kann die Anzahl der Eingänge unterschiedlich zu der Anzahl der Ausgänge sein.

Eines der **modernen Verfahren** ist die Systembeschreibung eines dynamischen Übertragungssystemes in der **Zustandsraumdarstellung**. Man versteht darunter die Beschreibung eines dynamischen Übertragungssystems durch seine **Zustandsgrößen** bzw. **Zustandsvariablen**. Sie kann die oben genannten klassische Regelungstheorie nicht ersetzen, wohl aber um einige Verfahren erweitern. Das Zustandsmodell basiert auf dem systemtheoretischen Begriff des Zustandes eines dynamischen Systems. Diese Modellform erlaubt viele Analyse- und Entwurfsverfahren der Regelungstechnik, wie z. B. Synthese von optimalen Regelsystemen oder auch bei nicht linearen Systemen.

Kalman [1] hat hierzu ein Verfahren angegeben, das nach *Reinschke* [2] erstmalig 1960 auf dem IFAC-Weltkongress einem breiteren Publikum vorgestellt worden ist. Er entwickelte ein Streckenmodell, das eine Variante der Differenzialgleichung n-ter Ordnung darstellt. Hierbei wird die Gleichung umgewandelt in ein System von n Differenzialgleichungen erster Ordnung und neue Variable, die **Zustandsvariablen**, eingeführt. Sie beschreiben den Energiegehalt der in einem dynamischen System enthaltenen Speicherelemente. Wenn Zustandsvariable nicht gemessen werden können, lassen sich diese mit einem **Zustandsbeobachter** rekonstruieren. Er besteht aus einem mathematischen Modell der Regelstrecke, das die Zustandsvariable für den Zustandsregler bereitstellt, da dieser auf Vollständigkeit der Messgrößen angewiesen ist. *Luenberger* [3].

Die Zustandsgrößen, die Ein- und Ausgangsgrößen sowie die Systemgrößen werden bei dieser Beschreibungsmethode in Vektoren und Matrizen zusammengefasst. Das so entstehende Zustandsraummodell beschreibt mit zwei Gleichungen, der **Zustandsdifferenzialgleichung** und der algebraischen **Ausgangsgleichung**, das dynamische Verhalten eines Übertragungssystemes, siehe Beispiel 1.2. Ein wesentliches Element dieses Modellansatzes ist die **Steuermatrix**, Gl. 1.2. Sie enthält die Koeffizienten des Nennerpolynoms der Übertragungsfunktion. Ist die Matrix nach bestimmten Regeln genormt, spricht man von einer **Regelungsnormalform**. Sie erleichtert die weitere Analyse und Synthese von Regelkreisen, so z. B. bei der Dimensionierung eines Reglers nach dem **Verfahren der Polvorgabe** (Kap. 5).

Beispiel 1.2
Es sollen die Zustandsbeschreibung und das darauf basierende Blockschaltbild eines Systems zweiter Ordnung entwickelt werden. Die Zustandsdifferenzialgleichungen bestehen aus den beiden linearen Differenzialgleichungen erster Ordnung in expliziter Form und der Ausgangsgleichung. Basis der Zustandsbeschreibung ist die Differenzialgleichung eines Systemes zweiter Ordnung:

$$\ddot{y} + \frac{1}{T_1}\dot{y} = \frac{K_I}{T_1}u(t) \tag{1.1}$$

Das Ergebnis der Zustandsbeschreibung sind die Modellgleichungen in Vektor/Matrizen-form:

$$\begin{bmatrix} \dot{x}_1 \\ \dot{x}_2 \end{bmatrix} = \begin{bmatrix} 0 & 1 \\ 0 & -\frac{1}{T_1} \end{bmatrix} \begin{bmatrix} x_1(t) \\ x_2(t) \end{bmatrix} + \begin{bmatrix} 0 \\ 1 \end{bmatrix} u(t) \tag{1.2}$$

$$y(t) = \begin{bmatrix} \frac{K_I}{T_1} & 0 \end{bmatrix} \vec{x}(t) = \frac{K_I}{T_1}x_1(t) \tag{1.3}$$

∎

Eine grafische Interpretation der Modellgleichungen führt auf das Blockschaltbild Abb. 1.3. Der Abgriff der internen Messgröße $x_2(s)$ erfolgt zwischen den beiden Speichergliedern, falls technisch realisierbar. Dadurch stehen die Signalinformationen der Zustandsvariablen der Regelstrecke zeitiger zur Verfügung als bei der Ausgangsrückführung. Aus diesem Grunde kann das dynamische Verhalten des Regelkreises günstiger sein als bei einem Regelkreis mit Ausgangsrückführung. Die Kurven in Abb. 1.4 zeigen für das gewählte Beispiel 1.1 die Systemreaktionen der Zustandsvariablen $x_1(t) = y(t)$ und $x_2(t)$.

Die Regelung der Strecke erfolgt mit einem **Zustandsregler** (Kap. 5). Voraussetzung ist allerdings, dass die Strecke steuerbar ist (Kap. 3). Der Zustandsregler ist ein der Strecke parallel geschaltetes Netzwerk, das die Dynamik der Strecke in einem gewünschten Sinne

Abb. 1.3 Strukturbild der Modellgleichungen des Systems zweiter Ordnung

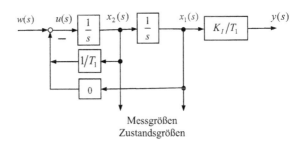

Messgrößen
Zustandsgrößen

Abb. 1.4 Systemreaktionen
nach einer sprungförmigen
Sollwertänderung des Systems

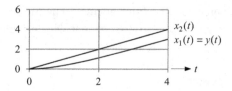

verändern soll. Sein dynamisches Verhalten richtet sich nach der Ordnung der Regelstrecke. Bei einer Strecke n-ter Ordnung zeigt der Zustandsregler in Folge des Modellansatzes
ein PD_{n-1}-Verhalten.

Je nach Höhe der Ordnung der Differenzialgleichung werden alle Zustandsgrößen dem
Zustandsregler zugeführt, der auf den Eingang des Zustandsmodells der Regelstrecke
wirkt. Dadurch entsteht ein mehrschleifiger Regelkreis. Der Zustandsregler bewertet die
einzelnen Zustandsvariablen der Regelstrecke und führt die so entstandenen Produkte zur
Vergleichsstelle am Eingang der Regelstrecke, vgl. Abb. 1.5.

Die Zustandsrückführung erzeugt im Allgemeinen keinen Gleichstand zwischen Füh-
rungsgröße und Regelgröße im stationären Zustand, weil die Ausgangsgröße $y(t)$ des
Zustandsregelkreises nicht auf den Eingang der Regelstrecke zurückgekoppelt wird. Die
Ursache liegt darin, dass die Ausgangsgröße $y(t)$ eine Funktion der Zustandsgröße ist.
Deshalb wird das Blockschaltbild der Zustandsrückführung oft mit einem Vorfilter V er-
weitert, das die Angleichung im stationären Zustand übernimmt.

Da im Regelkreis keine I-Komponente vorhanden ist, können bleibende Regeldifferenzen auftreten. Sie lassen sich durch einen überlagerten PI-Regler auf Kosten verringerter
Dynamik beseitigen. Das Vorfilter ist in diesem Falle nicht mehr erforderlich. Das Regelverhalten entspricht dem eines mit PID-Standardregler geregelten Systems.

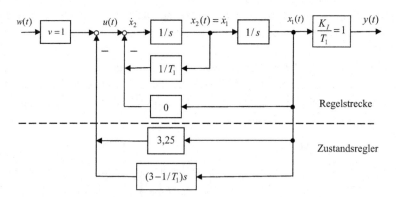

Abb. 1.5 Zustandsregelkreis eines Eingrößensystemes zweiter Ordnung
Pole der Strecke: $s_1 = 0$; $s_2 = -1/T_1$
Pole des Regelkreises: $s_{1/2} = -1,5 \pm j$, Wunschpole
Reglervektor $\vec{f}^T = [3,25 \quad 3 - 1/T_1]$

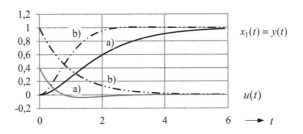

Abb. 1.6 Sprungantwort $x_1(t) = y(t)$ und Steuergröße $u(t)$ eines geregelten Systems
a) Polvorgabe: Sprungantwort und zugehörige Steuerfunktion
b) Riccatti-Regler, Gewichtsfaktoren $q_1 = q_2 = r = 1$, Zeitkonstante $T_1 = 1$ s,
Integrierbeiwert $K_I = 3{,}25\,\text{s}^{-1}$

Die Anpassung eins Zustandsreglers an eine gegebene Strecke lässt sich relativ einfach durchführen, wenn die Systemmatrix in Regelungsnormalform vorliegt (Kap. 5). In der letzten Zeile dieser Matrix sind die Pole der Übertragungsfunktion der Strecke aufgelistet. Sie beschreiben die Streckendynamik. Die Dynamik des zu regelnden Systems werden als „Wunsch-Pole" vorgegeben. Bei stabilen Systemen liegen sie alle in der linken Hälfte der s-Ebene. Durch Verschieben der Streckenpole auf die Position der gewünschten Pole wird die Dynamik des geregelten Sysstems festgelegt. Die Abstände zwischen beiden Lagen sind die Elemente des Reglers.

Da im Regelkreis keine I-Komponente vorhanden ist, können bleibende Regeldifferenzen auftreten. Sie lassen sich durch einen überlagerten PI-Regler auf Kosten verringerter Dynamik beseitigen. Das Vorfilter ist in diesem Falle nicht mehr erforderlich. Das Regelverhalten entspricht dem eines mit PID-Standardregler geregelten Systems.

Die Anpassung eins Zustandsreglers an eine gegebene Strecke lässt sich relativ einfach durchführen, wenn die Systemmatrix in Regelungsnormalform vorliegt (Kap. 5). In der letzten Zeile dieser Matrix sind die Pole der Übertragungsfunktion der Strecke aufgelistet. Sie beschreiben die Streckendynamik. Die Dynamik des zu regelnden Systems werden als „Wunsch-Pole" vorgegeben. Bei stabilen Systemen liegen sie alle in der linken Hälfte der s-Ebene. Durch Verschieben der Streckenpole auf die Position der gewünschten Pole wird die Dynamik des geregelten Sysstems festgelegt. Die Abstände zwischen beiden Lagen sind die Elemente des Reglers.

Das Regelverhalten des mit einem Zustandsregler geregelten Systems zeigt die Abb. 1.6, Kurven a). Entspricht die Dynamik des Systems nicht den ursprünglich gemachten Vorstellungen, muss das Verfahren mit einer geänderten Polvorgabe wiederholt werden. Man kann deshalb auch bei dieser Methode der Reglerdimensionierung von einem iterativen Verfahren sprechen.

Beim Verfahren der Polvorgabe ist die Auswirkung auf die Stell- und Regelgröße schwer zu überblicken. Deshalb dürfte ein zugeschnittenes Optimierungsverfahren das geeignetere Mittel sein, die geplante Dynamik des geschlossenen Systems wunschgemäß zu verwirklichen (Kap. 6). Unter Optimierung versteht man ein zweckmäßig gewähltes **Gütemaß** zu minimieren. Das Gütemaß bewertet dabei

- den Zeitverlauf der Regelgröße und anderer Zustandsgrößen,
- den Zeitverlauf der Stellgröße,
- das Übergangsverhalten der Ausgangsfunktion.

Das Gütemaß kann auf unterschiedliche Weise zusammengestellt sein. In der klassischen Regelungstechnik benutzt man meistens ein quadratisches Gütekriterium, um die Reglerparameter optimal auszuwählen. Durch das Quadrieren der Regeldifferenz werden Vorzeichenprobleme beseitigt und größere Abweichungen im Kriterium stärker gewichtet.

Bei der Zustandsregelung wird nach ähnlichem Muster verfahren. Bei Eingrößensystemen nimmt man die mit dem Faktor r gewichtete Stellgröße in das Kriterium auf. Das Einschwingverhalten der Stellgröße wird dadurch beeinflusst. Je größer der Faktor r gewählt wird, desto stärker wird der Stellgrößenverlauf beschränkt. Das Einschwingverhalten der Regelgröße wird dadurch weniger eingegrenzt. Das Ergebnis der Optimierung bezeichnet man als **Matrix-Riccatti-Gleichung**. Die Realisierung eines Reglers nach dieser Rechenvorschrift heißt **Riccatti-Regler**. Man muss einschränkend auch hier beachten, dass das Ergebnis einer Optimierung immer von der Wahl eines geeigneten Gütekriteriums abhängt.

Literatur

1. Kalman, R.: On the general theory of control systems. Proc. 1st IFAC-Congress, Moskau 1960. Bd. 1. Butterworth, Oldenbourg-Verlag, MünchenLondon, S. 481–492 (1961)
2. Reinschke, K.: Lineare Regelungs- und Steuerungstechnik. Springer, Berlin Heidelberg (2014)
3. Luenberger, D.: An introduction observers. IEEE Trans. Auto. Control. **AC-16**, 596–602 (1971)

Das Streckenmodell in der Regelungstechnik 2

In diesem Abschnitt wird gezeigt, wie aus der das dynamische Verhalten eines Übertragungssystems beschreibende Differenzialgleichung die Zustandsgleichungen hergeleitet werden können. Hierbei benutzt man zwei Wege: Den Zeitbereich oder den Bildbereich. Ziel der Ausarbeitung sind die Zustandsgleichungen, ein System von Differenzialgleichungen erster Ordnung sowie deren grafischen Darstellung, meistens in normierter Form.

Bei der Untersuchung dynamischer Systeme ist die Reaktion eines Systems bei gegebener Eingangsgröße durch das Übertragungsverhalten oder Ein-/Ausgangsverhalten des Systems gekennzeichnet. Zeigt das System bei dem Signalübertragungsprozess lineares Verhalten, dann lässt es sich durch eine lineare, zeitinvariante gewöhnliche Differenzialgleichung n-ter Ordnung mit konstanten Koeffizienten beschreiben:

$$a_n y^{(n)} + a_{n-1} y^{(n-1)} + \cdots + a_1 \dot{y} + a_0 y(t)$$
$$= b_0 u(t) + b_1 \dot{u} + \cdots + b_{m-1} u^{(m-1)} + b_m u^{(m)} \tag{2.1}$$

Die Anfangswerte sind $y(0) = y_0$, $\dot{y}(0) = y_1$, …, $y^{(n-1)}(0) = y_{n-1}$. Die Ausgangsgröße ist $y(t)$, die Eingangsgröße $u(t)$. Beide können auch wie bei Mehrgrößensysteme vektorielle Größen sein.

Man spricht hier auch vom **Prozessmodell** und versteht darunter ein durch mathematische Beziehungen beschriebenes Abbild der dynamischen Eigenschaften des realen Systems. Allgemein versteht man darunter das Modellieren einer physikalischen Anlage oder Anlagenteiles durch Anwenden der physikalisch-chemischen Zusammenhänge. Eine möglichst genaue Kenntnis des Übertragungsverhaltens eines dynamischen Systems, also ein präzises Modell des realen Systems, ist Voraussetzung für die Auswahl einer geeigneten Reglerstruktur und deren Parametrierung.

Im Allgemeinen ist es nicht erforderlich, die Funktionsweise aller Systemkomponenten genau zu kennen, um die Arbeitsweise des Gesamtsystems verstehen und abschätzen zu können. Statt dessen genügt es, das ganze System oder einzelne gerätetechnische oder

© Springer Fachmedien Wiesbaden GmbH, ein Teil von Springer Nature 2019
H. Walter, *Zustandsregelung*, https://doi.org/10.1007/978-3-658-21075-5_2

funktionsmäßige Komponenten als Block mit Eingangs- und Ausgangsgrößen zu betrachten.

Das Übertragungsverhalten eines SISO-Systems wird neben einer Differenzialgleichung auch durch die **Übertragungsfunktion** $G(s)$ festgelegt. Da sie ausschließlich im **Bildbereich** oder **Frequenzbereich** definiert ist, muss die Differenzialgleichung mithilfe der **Laplace-Transformation** in den Bildbereich transformiert werden, *Ameling* [1]. Man wählt hierbei aus Gründen einer größeren Übersicht und einfacheren Rechnung leere Energiespeicher. *Wollnack* [2].

In der Übertragungsfunktion $G(s)$ bestimmen die Pole die Geschwindigkeit der Systembewegung und die Stabilität des dynamischen Systems. Die Nullstellen von $G(s)$ wirken sich dagegen auf die Amplitude des Systems aus.

Im Bildbereich ist die Übertragungsfunktion n-ter Ordnung als Bruch eines Zähler- und Nennerpolynoms definiert:

$$G(s) = \frac{y(s)}{u(s)} = \frac{Z(s)}{N(s)} = \frac{b_m s^m + b_{m-1} s^{m-1} + \cdots + b_1 s + b_o}{a_n s^n + a_{n-1} s^{n-1} + \cdots + a_1 s + a_o} \qquad (2.2)$$

$y(s)$ Laplace-transformierte Ausgangsgröße
$u(s)$ Laplace-transformierte Eingangsgröße
n Anzahl der Pole von $G(s)$
m Anzahl der Nullstellen von $G(s)$
$s = \sigma + j\omega$ komplexe Variable

Wenn

$n > m$: Die Anzahl der Pole ist größer als die Anzahl der Nullstellen. Das ist bei den meisten realen Systemen der Normalfall. Solche Systeme sind nicht sprungfähig.

$n = m$: Die Anzahl der Pole ist gleich der Anzahl der Nullstellen. Diese Systeme sind sprungfähig, eine Eingangsgröße wird unmittelbar und unverzögert an den Ausgang weitergeben. Man nennt sie deshalb auch **sprungfähige Systeme**. Sie kommen in der Praxis relativ selten vor.

$n < m$: Solche Systeme sind technisch nicht realisierbar. Sie spielen in der weiteren Betrachtung deshalb auch keine Rolle.

Beispiel 2.1

Ein mechanisches Systems soll modelliert werden (Abb. 2.1). Die Eingangsgröße $x_e(t)$ liegt am Dämpfungszylinder, eine Zwischengröße ist der Federweg x_1. Diese Größe gewirkt als Eingangsgröße für die Hebelanordnung. Die Ausgangsgröße des Systems ist die Hebelauslenkung x_a. Die Masse wird vernachlässigt. Die Differenzialgleichung und die Übertragungsfunktion sollen aufgestellt werden.

Aus der Abb. 2.1 folgt für die Kräftebilanz bei kleinen Auslenkungen des Hebels:

$$c x_1(t) + r \dot{x}_1 = r \dot{x}_e$$

Abb. 2.1 Hebelsystem mit
Dämpfungsglied
a, b Hebelarme
x_e, x_a Ein-/Ausgangsgröße
r Reibungskoeffizient
c Federsteife
x_1 Federweg

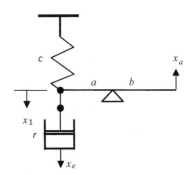

Für $x_1(t) = -\frac{a}{b}x_a(t)$ wird die Differenzialgleichung:

$$c\frac{a}{b}x_a(t) + r\frac{a}{b}\dot{x}_a = -r\dot{x}_e.$$

Mit der Zeitkonstanten $T_1 = \frac{r}{c}$, dem Differenzierbeiwert $K_D = T_1 K$ und dem Verstär-kungsfaktor $K = \frac{b}{a}$ erhält man eine Differenzialgleichung erster Ordnung. Die Übertra-gungsfunktion des Hebelsystems zeigt ein D-T_1-Verhalten. Das Minuszeichen bedeutet eine Wirkungssinnumkehr.

$$T_1\dot{x}_a + x_a(t) = -K_D\dot{x}_e$$

$$\Rightarrow G(s) = \frac{x_a(s)}{x_e(s)} = -\frac{K_D s}{1 + sT_1}$$

2.1   Die Regelungsnormalform für SISO-Systeme

Grundlage der Modellentwicklung ist die Differenzialgleichung n-ter Ordnung 2.1 bzw. die Übertragungsfunktion 2.2. Wir betrachten realisierbare Systeme und setzen in (2.2) $m = n$. Durch eine Normierung und Neu-Sortierung der Koeffizienten der Differenzial-gleichung wird der Koeffizient der höchsten Potenz im Nenner $a_n = 1$, was keine Ein-schränkung der Allgemeingültigkeit bedeutet. Die so modifizierte Übertragungsfunktion hat im Zähler und Nenner gleiche Ordnung. Man bezeichnet damit das zugehörige System als **sprungfähig**:
Die neukonstruierte Übertragungsfunktion hat jetzt die Form:

$$G(s) = \frac{y(s)}{u(s)} = \frac{Z(s)}{N(s)} = \frac{b_n s^n + b_{n-1}s^{n-1} + \cdots + b_1 s + b_o}{s^n + a_{n-1}s^{n-1} + \cdots + a_1 s + a_o} \qquad (2.3)$$

Hierzu gehört die Differenzialgleichung n-ter Ordnung:

$$y^{(n)} + a_{n-1}y^{(n-1)} + \cdots + a_1\dot{y} + a_0 y(t)$$
$$= b_0 u(t) + b_1\dot{u} + \cdots + b_{n-1}u^{(n-1)} + b_n u^{(n)} \tag{2.4}$$

Die vor uns liegende Aufgabe ist die Überführung der Differenzialgleichung n-ter Ordnung in ein System von n Differenzialgleichungen erster Ordnung. Die Lösung dieses Problems lässt sich sowohl im Zeitbereich, *Unbehauen* [3], als auch im Bildbereich, *Holzhüter* [4], durchführen. Wir entscheiden uns für den Bildbereich, was übersichtlicher erscheint. Die Lösung erfolgt in zwei Schritten.

2.1.1 Sprungfähige Systeme

2.1.1.1 In der Eingangsgröße treten keine Ableitungen auf und es sei $b_0 = 1$

Die Übertragungsfunktion 2.3 und die Differenzialgleichung 2.4 nehmen dann folgende Gestalt an:

$$G(s) = \frac{y(s)}{u(s)} = \frac{Z(s)}{N(s)} = \frac{1}{s^n + a_{n-1}s^{n-1} + \cdots + a_1 s + a_o} \tag{2.5}$$

$$y^{(n)} + a_{n-1}y^{(n-1)} + \cdots + a_1\dot{y} + a_0 y(t) = u(t) \tag{2.6}$$

Mit den neuen Variablen $x_1(s), \cdots, x_n(s)$ erhält man einen Satz von Differenzialgleichungen:

$$y(s) = \frac{u(s)}{N(s)} = x_1(s)$$

$$sy(s) = s\frac{u(s)}{N(s)} = x_2(s)$$

$$s^2 y(s) = s^2\frac{u(s)}{N(s)} = x_3(s)$$

$$\vdots$$

$$s^n y(s) = s^n\frac{u(s)}{N(s)} = \frac{u(s)}{N(s)}\left(N(s) - a_0 - a_1 s - \cdots - a_{n-1}s^{n-1}\right) \tag{2.7}$$

Wird der Klammerausdruck in (2.7) ausmultipliziert, erhält man:

$$s^n y(s) = s^n\frac{u(s)}{N(s)}$$

$$= u(s) - a_0\frac{u(s)}{N(s)} - a_1 s\frac{u(s)}{N(s)} - a_2 s^2\frac{u(s)}{N(s)} - \cdots - a_{n-1}s^{n-1}\frac{u(s)}{N(s)} \tag{2.8}$$

Mit den neuen Variablen nach (2.7) wird im Bildbereich:

$$s^n y(s) = u(s) - a_0 x_1(s) - a_1 x_2(s) - \cdots - a_{n-1}x_n(s) \tag{2.9}$$

Und im Zeitbereich erhält man:

$$y^{(n)} = \dot{x}_n = u(t) - a_0 x_1(t) - a_1 x_2(t) - \cdots - a_{n-1} x_n(t) \qquad (2.10)$$

Die Gl. 2.10 bildet den Rückführzweig in dem folgenden Blockschaltbild von Abb. 2.2.

2.1.1.2 Allgemeiner Fall, auch Ableitungen der Eingangsgröße können auftreten

In diesem allgemeinen Fall entspricht die Übertragungsfunktion Gl. 2.3:

$$\begin{aligned}
y(s) &= \frac{Z(s)}{N(s)} u(s) = \frac{b_0 + b_1 s + b_2 s^2 + \cdots + b_n s^n}{N(s)} \\
&= b_0 \frac{u(s)}{N(s)} + b_1 s \frac{u(s)}{N(s)} + b_2 s^2 \frac{u(s)}{N(s)} + \cdots + b_n s^n \frac{u(s)}{N(s)} \\
&= b_0 x_1(s) + b_1 x_2(s) + \cdots + b_{n-1} x_n(s)
\end{aligned} \qquad (2.11)$$

Zurücktransformiert in den Zeitbereich:

$$y(t) = b_0 x_1(t) + b_1 x_2(t) + \cdots + b_{n-1} x_n(t) \qquad (2.12)$$

Oberhalb des Hauptzweiges bildet diese Gleichung den Vorwärtszweig in Abb. 2.2. Im Hauptzweig liegen die n Integratoren, im Rückführzweig die Koeffizienten des Nennerpolynoms und im Vorwärtszweig jene des Zählerpolynoms.

2.1.1.3 Die Berechnung der Ausgangsgröße bei sprungfähigen Systemen

Nach Abb. 2.2 folgt für die Ausgangsgröße:

$$y(t) = b_0 x_1(t) + b_1 x_2(t) + \cdots + b_{n-1} x_n(t) + b_n \dot{x}_n \qquad (2.13)$$

Durch Summation wird mit (2.10) und (2.12) am Ausgang des Blockschaltbildes:

$$\begin{aligned}
y(t) = {}& b_0 x_1(t) + b_1 x_2(t) + \cdots + b_{n-1} x_n(t) \\
&+ b_n \left[u(t) - a_0 x_1(t) - a_1 x_2(t) - \cdots - a_{n-1} x_n(t) \right]
\end{aligned} \qquad (2.14)$$

Fasst man die gleichartigen Summanden zusammen, ergibt sich die Ausgangsgleichung für das System:

$$\begin{aligned}
y(t) = {}& (b_0 - b_n a_0) \, x_1(t) + (b_1 - b_n a_1) \, x_2(t) + \cdots \\
&+ (b_{n-2} - b_n a_{n-2}) \, x_{n-1}(t) + (b_{n-1} - b_n a_{n-1}) \, x_n(t) + b_n u(t)
\end{aligned} \qquad (2.15)$$

Die Gleichung lässt sich auch in Form eines Vektorproduktes schreiben:

$$\vec{y}(t) = \vec{c}^T \vec{x}(t) \qquad (2.16)$$

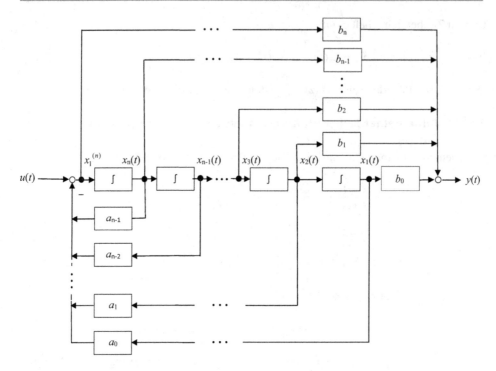

Abb. 2.2 Blockstruktur der Gln. 2.10 und 2.12 eines sprungfähigen SISO-Systems

Der n-dimensionale Vektor

$$\vec{c}^T = [(b_0 - b_n a_0)\,(b_1 - b_n a_1)\cdots(b_{n-2} - b_n a_{n-2})\,(b_{n-1} - b_n a_{n-1})] \qquad (2.17)$$

heißt **Ausgangsvektor**. In ihm sind sowohl die Koeffizienten des Zählerpolynoms als auch jene des Nennerpolynoms vertreten.

Das Strukturbild in Abb. 2.2 zeigt in allgemeiner Form die Zustandsgleichungen für sprungfähige SISO-Systeme.

Besteht eine direkte Verbindung zwischen der Eingangsgröße und der Ausgangsgröße, spricht man vom **Durchgriff**. Bei sprungfähigen Eingrößensystemen bezeichnet man ihn oft mit der skalaren Größe d. Er entspricht dem Zählerkoeffizient b_n, damit gilt $d = b_n$. Fasst man die Zustandsdifferenzialgleichungen und die um den Durchgriff erweiterte Ausgangsgleichung zusammen, erhält man das **System der Zustandsgleichungen**, zweckmäßig in Vektor/Matrizenform geschrieben:

$$\dot{\vec{x}} = \bar{A}\,\vec{x}(t) + \vec{b}\,u(t)$$
$$y(t) = \vec{c}^T\,\vec{x}(t) + d\,u(t) \qquad (2.18)$$

Es ist ein System von n gewöhnlichen linearen Differenzialgleichungen erster Ordnung in expliziter Form. Zusammen mit der **Ausgangsgleichung** $y(t)$ stellen sie ein **mathematisches Modell** des Übertragungsverhaltens der Regelstrecke dar.

Beispiel 2.2

Es ist die Zustandsform des mechanischen Systems in Beispiel 2.1 gesucht: Die Differenzialgleichung der Anordnung (Abb. 2.1) wird übernommen, normiert, umgestellt und neue Variable eingeführt:

$$\dot{x}_1 + \frac{1}{T_1}x_1(t) = -\frac{K_D}{T_1}\dot{u} \Rightarrow \dot{x}_1 + a_0 x_1(t) = -b_1\dot{u}$$
$$\Rightarrow \dot{x}_1 = -a_0 x_1(t) - b_1\dot{u}$$

Die Koeffizienten der Differenzialgleichung sind:

$$a_0 = \frac{1}{T_1}, \quad a_1 = 1, \quad b_0 = 0, \quad b_1 = K.$$

Für $n = m = 1$ liegt ein sprungfähiges System vor.

Die Zustandsgleichung ist in diesem Falle:

$$\dot{y} = \dot{x}_1 = x_2(t) = -a_0 x_1(t) - u(t)$$

Nach (2.13) berechnet sich die Ausgangsgröße zu:

$$y(t) = b_0 x_1(t) + b_1\dot{x}_1 = b_0 x_1(t) + b_1\left[-a_0 x_1(t) - u(t)\right] = -\frac{K}{T_1}x_1(t) - Ku(t)$$

Siehe Abb. 2.3, die graphische Darstellung der Gleichung.

Abb. 2.3 Strukturbild eines sprungfähigen Systems erster Ordnung

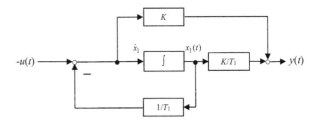

Die Zustandsgleichungen 2.18 für das SISO-System in aufgelöster Schreibweise:

$$
\begin{bmatrix} \dot{x}_1 \\ \dot{x}_2 \\ \vdots \\ \vdots \\ \dot{x}_{n-1} \\ \dot{x}_n \end{bmatrix} = \begin{bmatrix} 0 & 1 & 0 & \cdots & \cdots & 0 & 0 \\ 0 & 0 & 1 & \cdots & \cdots & 0 & 0 \\ 0 & 0 & 0 & \cdots & \cdots & 0 & 0 \\ & & & \vdots & & & \\ 0 & 0 & 0 & \vdots & 0 & 1 \\ -a_0 & -a_1 & -a_2 & -a_3 & \cdots & -a_{n-2} & -a_{n-1} \end{bmatrix} \begin{bmatrix} x_1(t) \\ x_2(t) \\ \vdots \\ \vdots \\ x_{n-1}(t) \\ x_n(t) \end{bmatrix} + \begin{bmatrix} 0 \\ 0 \\ \vdots \\ \vdots \\ 0 \\ 1 \end{bmatrix} u(t)
$$

$$\underbrace{}_{\vec{x}} \qquad \underbrace{\text{Systemmatrix } \bar{A}}_{} \qquad \underbrace{}_{\vec{x}(t)} \quad \underbrace{}_{\vec{b}}$$

$$(2.19)$$

- Der Vektor $\vec{x}: n \times 1$, heißt **Zustandsvektor**, seine Komponenten **Zustandsgrößen**. Er ist ein zeitabhängiger Ortsvektor in einem n-dimensionalen Vektorraum, dem **Zustandsraum**. Zustandsgrößen beschreiben nur den aktuellen Zustand eines Systems und können nicht immer vollständig erfasst werden, da dies sehr aufwendig sein kann oder auch technisch nicht möglich. Unter Umständen müssen dann einzelne Komponenten des Zustandsvektors geschätzt werden. Dies leistet ein dynamisches System, das nach seinem Erfinder *Luenberger-Beobachter* [3] genannt wird.
- Die quadratische Matrix $\bar{A}: n \times n$, nennt man **Systemmatrix** oder auch **Dynamikmatrix**. Sie enthält in ihrer letzten Zeile die negativen Nennerkoeffizienten der Übertragungsfunktion. Wegen ihrer speziellen Struktur spricht man auch von einer **Frobenius-Form** und bei der Zustandsdarstellung von einer **Regelungsnormalform**. Sie gilt für lineare Systeme mit n Polen und m Nullstellen. Weiterführende Berechnungen erscheinen dadurch übersichtlicher und einfacher zu werden, wie z. B. die Reglersynthese nach dem Verfahren der Polvorgabe (Kap. 5).
- Den Spaltenvektor $\vec{b}: n \times 1$, bezeichnet man auch mit **Eingangsvektor**. Er ist unabhängig von den Systemeigenschaften.

Weitere Möglichkeiten Modellgleichungen wie die **Beobachtungsnormalform**, die **Diagonalform** und die **Jordan-Normalform** zu entwickeln, siehe *Unbehauen* [3].

Beispiel 2.3
Die Differenzialgleichung dritter Ordnung eines Übertragungssystems ist in eine Zustandsform zu überführen:

$$\dddot{y} + a_2 \ddot{y} + a_1 \dot{y} + a_0 y(t) = b_0 u(t)$$

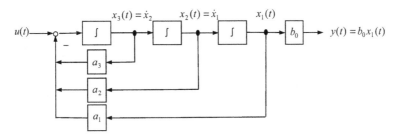

Abb. 2.4 Blockschaltbild eines Systems dritter Ordnung in Regelungsnormalform

Es werden die folgenden Substitutionen eingeführt:

$$y(t) = x_1(t)$$
$$\dot{y} = \dot{x}_1 = x_2(t)$$
$$\ddot{y} = \dot{x}_2 = x_3(t)$$
$$\dddot{y} = \dot{x}_3 = b_0 u(t) - a_2 x_3(t) - a_1 x_2(t) - a_0 x_1(t)$$

Hieraus folgt die Systemmatrix:

$$\bar{A} = \begin{bmatrix} 0 & 1 & 0 \\ 0 & 0 & 1 \\ -a_0 & -a_1 & -a_2 \end{bmatrix}$$

Vergleicht man diese Matrix mit der Struktur von (2.19), lässt sich leicht erkennen, dass eine Frobenius-Form vorliegt. Die Zustandsdarstellung ist mit dieser Matrix in Regelungs-normalform:

$$\dot{\vec{x}} = \bar{A}\vec{x}(t) + \vec{b}u(t)$$

$y(t) = \vec{c}^T \vec{x}(t)$ mit Ausgangsvektor $\vec{c}^T = [b_0 \; 0]$

∎

2.1.2 Zustandsebene, Zustandskurve, Zustandspunkt, Zustandsgröße

Fasst man die beiden Zustandsvariablen x_1 und x_2 als Koordinaten eines rechtwinkeligen, ebenen Koordinatensystems auf, kann die so aufgespannte Ebene als **Zustandsebene** bezeichnet werden, entsprechend bei drei Zustandsvariablen als **Zustandsraum**, *Schumacher* [7]. Eine Lösung $x_1(t)$, $x_2(t)$ der Zustandsgleichung lässt sich vektoriell, als Zustandsvektor, schreiben:

$$\vec{x}(t) = \begin{bmatrix} x_1(t) \\ x_2(t) \end{bmatrix} \quad \text{mit den Anfangswerten } \vec{x}_0(t_0) = \begin{bmatrix} x_1(t_0) \\ x_2(t_0) \end{bmatrix} \qquad (2.20)$$

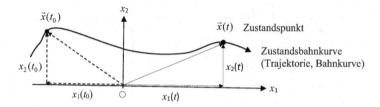

Abb. 2.5 Zustandskurve und Zustandspunkt in der x_1-x_2-Ebene

Abb. 2.6 Zustandskurve eines
massenlosen mechanischen
Schwingers

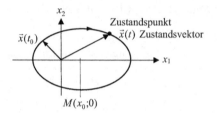

Eine Interpretation der Gl. 2.20 führt auf die **Zustandskurve** oder **Trajektorie** des gewählten Systems. Für ein festes $t > t_0$ erhält man einen Punkt in der x_1-x_2-Ebene, den
Zustandspunkt. Trägt man für $t > t_0$ alle Punkte in die Ebene ein, ergibt sich ein Kurven-
zug, den man als **Zustandskurve** bezeichnet (siehe Abb. 2.5).

In den Abb. 2.5 und 2.6 werden die Begriffe Zustandsebene, Zustandskurve, Zustandspunkt grafisch interpretiert. Das Beispiel 2.4 zeigt die Berechnung einer Zustandskurve
eines mechanischen Schwingers und Beispiel 2.5 dient der Erläuterung der Zustandsgröße eines Systems.

Beispiel 2.4

Es sind die Zustandskurven eines mechanischen Schwingers (Abb. 2.7) zu berechnen und
zu skizzieren.

Die Kräftebilanz der Gruppierung in (Abb. 2.7) ist:

$$F_z = m\ddot{y} + cy \Rightarrow \ddot{y} = -\frac{c}{m}y(t) + \frac{1}{m}F_z(t)$$

Die Differenzialgleichung wird zerlegt und neue Variable eingeführt:

$$y(t) = x_1(t) \quad \text{„Lage" und}$$
$$\dot{y} = x_2(t) \quad \text{„Geschwindigkeit"}$$

Abb. 2.7 Mechanischer
Schwinger
c Federsteifigkeit
m gesamte Masse

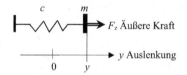

Damit wird das System von Differenzialgleichungen erster Ordnung in expliziter Form geschrieben:

$$\dot{x}_1 = \dot{y} = x_2(t)$$

$$\dot{x}_2 = \ddot{y} = -\frac{c}{m}x_1(t) + \frac{1}{m}F_z(t)$$

Die Lösung der Differenzialgleichung zweiter Ordnung für eine impulsförmige Eingangsgröße mit Impulshöhe $F_z = F_{z0}$ und einer Impulsdauer, die wesentlich kleiner als die Systemzeitkonstante ist, lässt sich durch Quotientenbildung finden.

$$\frac{\dot{x}_2}{\dot{x}_1} = \frac{dx_2}{dx_1} = \frac{-cx_1(t) + F_{z0}}{mx_2(t)}$$

Nach Umstellung und Integration folgt mit der Integrationskonstanten K_1:

$$\Rightarrow x_1^2 - \frac{2}{c}F_{z0}x_1 + \frac{m}{c}x_2^2 - \frac{2}{c}K_1 = 0$$

Durch Hinzufügen einer quadratischen Ergänzung $\frac{F_{z0}}{c}$ lässt sich die Gleichung einer Ellipse mit dem Mittelpunkt $M(x_0; y_0)$ aufstellen:

$$\frac{(x - x_0)^2}{a^2} - \frac{(y - y_0)^2}{b^2} = 1$$

Die Ellipsengleichung mit ihren Parametern:

$$\frac{\left(x_1 - \frac{F_{z0}}{c}\right)^2}{K_2} - \frac{x_2^2}{\frac{c}{m}K_2} = 1 \quad \text{mit} \quad K_2 = \frac{2}{c}K_1 + \frac{F_{z0}^2}{c^2} \quad \text{und} \quad M\left(\frac{F_{z0}}{c}; 0\right);$$

$$a = \sqrt{K_2}; \quad b = \sqrt{\frac{c}{m}K_2}$$

Interpretation der Zustandskurve

Ist die Geschwindigkeit $x_2(t) > 0$ (obere Halbebene), wächst $y(t) = x_1(t)$, da $x_2(t) = \dot{x}_1 > 0$ gilt. Bei einer negativen Geschwindigkeit mit $x_2(t) < 0$ (untere Halbebene), nimmt $y(t) = x_1(t)$ ab, weil $x_2(t) = \dot{x}_1 < 0$. Da sich dieser Vorgang beim Durchlaufen der Ellipse ständig wiederholt, ergeben sich Dauerschwingungen. Der Parameter K_2 definiert eine Trajektorienschar. Der Mittelpunkt der Ellipse und damit die Lage der Zustandskurve in der Zustandsebene hängt von dem Wert der Impulsstärke F_{z0} ab.

■

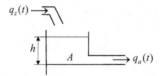

Abb. 2.8 Flüssigkeitstank mit einer Ein- und einer Ausgangsgröße
A Behälterquerschnitt
a Abflussquerschnitt
g Erdbeschleunigung
v Ausflussgeschwindigkeit
$q_z(t)$, $q_a(t)$ Zufluss-, Abflussvolumen

Beispiel 2.5
Es sollen die Zustandsgrößen einer hydraulischen Anlage (Abb. 2.8) zusammengestellt werden.

Man geht zunächst von einem unterschiedlichen Zu- und Abfluss aus. Damit ist die Volumenänderung der Flüssigkeit

$$\dot{V} = q_z(t) - q_a(t) = A\dot{h}$$

Nach dem Abflussgesetz von **Torricelli** ist die abfließende Menge $q_a(t) = av = a\sqrt{2gh(t)}$. Setzt man diesen Ausdruck in die obige Gleichung ein, ergibt sich wegen des Wurzelausdruckes eine nicht lineare Differenzialgleichung erster Ordnung, die sich je nach Anforderung eventuell linearisieren lässt, *Walter* [5]:

$$A\dot{h} + a\sqrt{2gh(t)} = q_z(t)$$

Oder umgestellt nach $\dot{h}$:

$$\dot{h} = -\frac{a}{A}\sqrt{2gh(t)} + \frac{1}{A}q_z(t)$$

Die nicht lineare Differenzialgleichung erster Ordnung beschreibt die zeitliche Spiegeländerung der Flüssigkeit. Die Eingangsgröße ist $q_z(t)$. Sie wird vom Prozess nicht beeinflusst. Der **Spiegelstand** $h(t)$ ist die **Zustandsvariable** des Systems. Ihr Wert bestimmt eindeutig das gesamte Systemverhalten ab dem Zeitpunkt t_0, sofern der Verlauf der Eingangsgröße ab t_0 gegeben ist.

■

2.1.3 Nicht sprungfähige Systeme

Bei nicht sprungfähigen Systemen, $m < n$, vereinfacht sich die Ausgangsgröße in (2.18). Der Durchgriff b_n ist null und $m \leq n - 1$. Der Ausgangsvektor $\vec{c}^T$ ist nur noch mit den

Koeffizienten des Zählerpolynoms belegt.

$$y(t) = b_0 x_1(t) + b_1 x_2(t) + \cdots + b_m x_n(t) \tag{2.21}$$

Beispiel 2.6

Für eine Differenzialgleichung zweiter Ordnung mit Ableitungen in der Eingangsgröße werden die Zustandsgleichungen aufgestellt und in Abb. 2.9 als Blockdiagramm dargestellt:

$$a_2 \ddot{y} + a_1 \dot{y} + a_0 y(t) = b_0 u(t) + b_1 \dot{u}$$

Die Ordnung ist $n = 2$. Für m gilt $m = 1$.

Zunächst wird die Gleichung normiert:

$$\ddot{y} + \frac{a_1}{a_2} \dot{y} + \frac{a_0}{a_2} y(t) = \frac{b_0}{a_2} u(t) + \frac{b_1}{a_2} \dot{u}$$

Anschließend wird das reduzierte System betrachtet:

$$\ddot{y} + \frac{a_1}{a_2} \dot{y} + \frac{a_0}{a_2} y(t) = u(t)$$

Für $\frac{b_1}{a_2} = 0$ gelten die Zustandsgleichungen:

$$\vec{\dot{x}} = \begin{bmatrix} 0 & 1 \\ -\dfrac{a_0}{a_2} & -\dfrac{a_1}{a_2} \end{bmatrix} \vec{x}(t) + \begin{bmatrix} 0 \\ 1 \end{bmatrix} u(t)$$

$$y(t) = \frac{b_0}{a_2} x_1(t)$$

Wenn $\frac{b_1}{a_2} \neq 0$, ist die Ausgangsgleichung:

$$y(t) = \frac{b_0}{a_2} x_1(t) + \frac{b_1}{a_2} x_2(t) = \vec{c}^T \vec{x}(t), \quad \text{mit } \vec{c}^T = \begin{bmatrix} \dfrac{b_0}{a_2} & \dfrac{b_1}{a_2} \end{bmatrix}, \quad \vec{x}(t) = \begin{bmatrix} x_1(t) \\ x_2(t) \end{bmatrix}$$

■

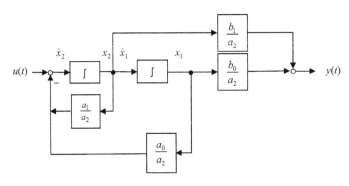

Abb. 2.9 Strukturbild eines nicht sprungfähigen Systems

2.2   Zustandsbeschreibung eines Regelkreises

Es wird ein Regelkreis, bestehend aus einem PI-Regler und einer P-T_1-Strecke, untersucht. Die Reglerübertragungsfunktion $G_R(s)$ und die Streckenübertragungsfunktion $G_S(s)$ lauten:

$$G_R(s) = K_P \frac{1 + sT_n}{sT_n} \quad \text{und} \tag{2.22}$$

$$G_S(s) = \frac{K_S}{1 + sT_1} \tag{2.23}$$

Die Kreisparameter sind die Reglerverstärkung K_P, die Nachstellzeit T_n, die Streckenverstärkung K_S. und die Streckenzeitkonstante T_1. Die Führungs-Übertragungsfunktion berechnet sich mit den beiden Teilübertragungsfunktionen zu:

$$G_w(s) = \frac{y(s)}{w(s)} = \frac{G_R(s)G_S(s)}{1 + G_R(s)G_S(s)} = \frac{K_P K_S (1 + sT_n)}{sT_n (1 + sT_1) + K_P K_S (1 + sT_n)} \tag{2.24}$$

Nach dem Ausmultiplizieren und Ordnen nach Potenzen von s erhält man die Differenzialgleichung, die das Ein-Ausgangsverhalten des Regelkreises im Bildbereich beschreibt.

$$T_1 T_n s^2 y(s) + T_n (1 + K_P K_S) sy(s) + K_P K_S y(s)$$
$$= K_P K_S w(s) + K_P K_S T_n sw(s) \tag{2.25}$$

Zurücktransformiert in den Zeitbereich und normiert wird:

$$1 \cdot \ddot{y} + \frac{1 + K_P K_S}{T_1} \dot{y} + \frac{K_P K_S}{T_1 T_n} y(t) = \frac{K_P K_S}{T_1 T_n} w(t) + \frac{K_P K_S}{T_1} \dot{w} + 0 \cdot \ddot{w} \tag{2.26}$$

Es liegt eine Differenzialgleichung zweiter Ordnung mit $n = 2$ vor. In der Eingangsgröße kommt auch eine Ableitung vor. Die Gleichung steht wegen $m < n$ für ein nicht sprungfähiges System. Der Durchgriff d ist null (vgl. Beispiel 2.6). Für die Führungsgröße $w(t)$ wird die Eingangsgröße $u(t)$ verwendet:

Als Substitutionsergebnis erhält man die Gleichungen:

$$y(t) = x_1(t)$$
$$\dot{y} = \dot{x}_1 = x_2(t)$$
$$\ddot{y} = \ddot{x}_1 = \dot{x}_2 = -\frac{K_P K_S}{T_1 T_n} x_1(t) - \frac{1 + K_P K_S}{T_1} x_2(t) + \frac{K_P K_S}{T_1 T_n} u(t) \tag{2.27}$$
$$y(t) = \frac{K_P K_S}{T_1 T_n} x_1(t) + \frac{K_P K_S}{T_1} x_2(t) \tag{2.28}$$

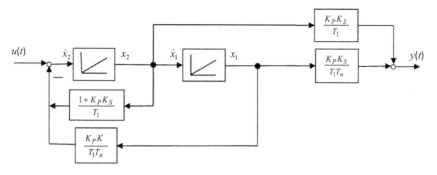

Abb. 2.10 Strukturbild der Zustandsbeschreibung des Regelkreises

Die Systemmatrix $\bar{A}$, der Eingangsvektor $\vec{b}$ und der Ausgangsvektor $\vec{c}$ lauten:

$$\bar{A} = \begin{bmatrix} 0 & 1 \\ -a_0 & -a_1 \end{bmatrix} = \begin{bmatrix} 0 & 1 \\ \dfrac{K_P K_S}{T_1 T_n} & -\dfrac{1 + K_P K_S}{T_1} \end{bmatrix} \tag{2.29}$$

$$\vec{b} = \begin{bmatrix} b_0 \\ b_1 \end{bmatrix} = \begin{bmatrix} 0 \\ 1 \end{bmatrix} \tag{2.30}$$

$$\vec{c}^T = \begin{bmatrix} c_0 & c_1 \end{bmatrix} = \begin{bmatrix} \dfrac{K_P K_S}{T_1 T_n} & \dfrac{K_P K_S}{T_1} \end{bmatrix} \tag{2.31}$$

Ein Vergleich mit der Systemmatrix $\bar{A}$ in (2.19) zeigt, dass hier eine Frobenius-Form und damit eine Regelungsnormalform vorliegt. Die Ergebnisse in Form eines Blockschaltbildes (Abb. 2.10) dargestellt:

Das Proportionalglied $c_0 = \frac{K_P K_S}{T_1 T_n}$ kann sowohl auf der Eingangsseite als auch als nachgeschaltetes P-Glied auf der Ausgangsseite angeordnet werden. Die Auswirkungen sind in beiden Fällen gleich. Der Durchgriff d ist null, was bei einem System $m < n$ auch zu erwarten ist.

Das folgende Beispiel zeigt den Lösungsweg bei eine Übertragungskette mit einer internen Messstelle. Sie ist zwischen den beiden Speichergliedern angebracht. Die zugeordneten Differenzialgleichungen werden durch Rücktransformation der jeweiligen Übertragungsfunktion der Speicherglieder berechnet.

Beispiel 2.7
Zustandsdarstellung einer Regelstrecke. Sie setzt sich zusammen aus einem P-T_1-Glied und einem realen Differenzierglied. Die interne Messstelle ist $x_2(t)$, die ausgangsseitige $x_1(t)$.

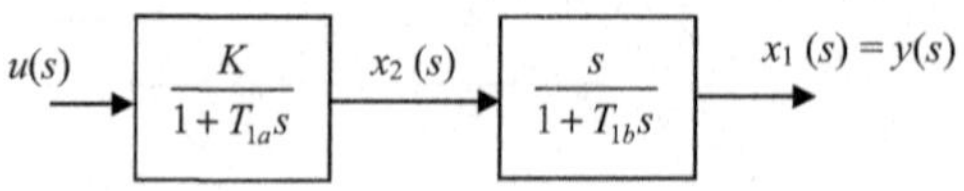

$$u(s) \rightarrow \boxed{\dfrac{K}{1+T_{1a}s}} \xrightarrow{x_2\,(s)} \boxed{\dfrac{s}{1+T_{1b}s}} \xrightarrow{x_1\,(s)\,=\,y(s)}$$

Abb. 2.11 Zustandsbeschreibung der Strecke

T_{1a} Zeitkonstante des Systems a

T_{1b} Zeitkonstante des Systems b

$u(s)$ Eingangsgröße

$y(s)$ Ausgangsgröße

K Verstärkungsfaktor

Aus den Übertragungsfunktionen der Abb. 2.11 folgen:

$$\frac{x_2(s)}{u(s)} = \frac{K}{1+T_{1a}s} \Rightarrow x_2(s) + x_2(s)T_{1a}s = Ku(s)$$

$$\Rightarrow x_2(t) + \dot{x}_2 T_{1a} = Ku(t)$$

$$\Rightarrow \dot{x}_2 = -\frac{1}{T_{1a}}x_2(t) + \frac{K}{T_{1a}}u(t)$$

$$\frac{x_1(s)}{x_2(s)} = \frac{s}{1+T_{1b}s} \Rightarrow x_1(s) + x_1(s)T_{1b}s = sx_2(s)$$

$$\Rightarrow x_1(t) + \dot{x}_1 T_{1b} = \dot{x}_2$$

$$\Rightarrow \dot{x}_1 = -\frac{1}{T_{1b}}x_1(t) - \frac{1}{T_{1a}T_{1b}}x_2(t) + \frac{K}{T_{1a}T_{1b}}u(t)$$

Die beiden Ergebnisse bilden die Zustandsgleichungen der Regelstrecke. Sie liegen nicht in Regelungsnormalform vor:

$$\vec{\dot{x}} = \begin{bmatrix} \dot{x}_1 \\ \dot{x}_2 \end{bmatrix} = \begin{bmatrix} -\dfrac{1}{T_{1b}} & -\dfrac{1}{T_{1a}T_{1b}} \\ 0 & -\dfrac{1}{T_{1a}} \end{bmatrix} \vec{x}(t) + \begin{bmatrix} 1 \\ 1 \end{bmatrix} u(t) \quad \text{und}$$

$$y(t) = K \begin{bmatrix} \dfrac{1}{T_{1a}} & \dfrac{1}{T_{1a}T_{1b}} \end{bmatrix} \vec{x}(t)$$

Alternativer Modellansatz

Nach Multiplikation der beiden Übertragungsfunktionen und Rücktransformation in den Zeitbereich erhält man die normierte Differenzialgleichung:

$$\ddot{y} + \frac{T_{1a}+T_{1b}}{T_{1a}T_{1b}}\dot{y} + \frac{1}{T_{1a}T_{1b}}y(t) = \frac{0}{T_{1a}T_{1b}}u(t) + \frac{K}{T_{1a}T_{1b}}\dot{u}$$

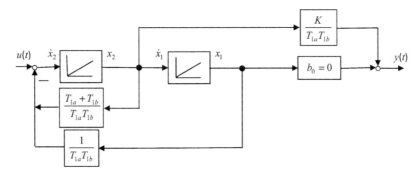

Abb. 2.12 Blockschaltbild des alternativen Modellansatzes in Regelungsnormalform

Entsprechend (2.27) folgen hieraus die Zustandsgleichungen in Regelungsnormalform:

$$
\dot{\vec{x}} =
\begin{bmatrix}
0 & 1 \\
-\dfrac{1}{T_{1a}T_{1b}} & -\dfrac{T_{1a}+T_{1b}}{T_{1a}T_{1b}}
\end{bmatrix}
\vec{x}(t) +
\begin{bmatrix} 0 \\ 1 \end{bmatrix} u(t)
$$

Ausgangsgleichung ist in diesem Falle nach (2.12):

$$
y(t) = \vec{c}^{T}\vec{x}(t) =
\begin{bmatrix} c_0 & c_1 \end{bmatrix} \vec{x}(t) =
\begin{bmatrix} b_0 x_1(t) & \dfrac{K}{T_{1a}T_{1b}} x_2(t) \end{bmatrix}
\quad \text{mit} \quad b_0 = 0
$$

∎

2.3 Erweiterung der Zustandsbeschreibung auf MIMO-Systeme

Die Erweiterung der Eingrößensysteme auf Mehrgrößensysteme betreffen in der mathematischen Beschreibung der Zustandsgleichungen die Vektoren $\vec{b}$ und $\vec{c}$, die Eingangsgröße $u(t)$ sowie den Durchgriff d. Die Zustandsgleichungen 2.18 nehmen dann folgende Form an:

$$
\dot{\vec{x}} = \bar{A}\vec{x}(t) + \bar{B}\vec{u}(t) \quad \text{mit Anfangswert } \vec{x}(t_0) = \vec{x}_0
$$
$$
\vec{y}(t) = \bar{C}\vec{x}(t) + \bar{D}\vec{u}(t) \tag{2.32}
$$

Die Zustandsdifferenzialgleichung ausführlich geschrieben:

$$
\underbrace{\begin{bmatrix} \dot{x}_1 \\ \vdots \\ \dot{x}_n \end{bmatrix}}_{} =
\underbrace{\begin{bmatrix} a_{11} & & a_{1n} \\ & \ddots & \\ a_{n1} & & a_{nn} \end{bmatrix}}_{\substack{\text{System-} \\ \text{matrix}}} \cdot
\underbrace{\begin{bmatrix} x_1(t) \\ \vdots \\ x_n(t) \end{bmatrix}}_{\substack{\text{Zustands-} \\ \text{vektor}}} +
\underbrace{\begin{bmatrix} b_{11} & & b_{1r} \\ & \ddots & \\ b_{n1} & & b_{nr} \end{bmatrix}}_{\substack{\text{Eingangs-} \\ \text{matrix}}} \cdot
\underbrace{\begin{bmatrix} u_1(t) \\ \vdots \\ u_r(t) \end{bmatrix}}_{\substack{\text{Eingangs-} \\ \text{vektor}}} \tag{2.33}
$$

Abb. 2.13 Strukturbild eines
MIMO-Systems in Zustands-
darstellung

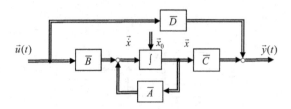

Die Ausgangsgleichung mit Berücksichtigung des Durchgriffs:

$$
\underbrace{\begin{bmatrix} y_1(t) \\ \vdots \\ y_m(t) \end{bmatrix}}_{\substack{\text{Ausgangs-} \\ \text{vektor}}} = \underbrace{\begin{bmatrix} c_{11} & & c_{1n} \\ & \ddots & \\ c_{m1} & & c_{mn} \end{bmatrix}}_{\substack{\text{Ausgangs-} \\ \text{matrix}}} \cdot \underbrace{\begin{bmatrix} x_1(t) \\ \vdots \\ x_n(t) \end{bmatrix}}_{\substack{\text{Zustands-} \\ \text{vektor}}} + \underbrace{\begin{bmatrix} d_{11} & & d_{1r} \\ & \ddots & \\ d_{m1} & & d_{mr} \end{bmatrix}}_{\substack{\text{Durchgangs-} \\ \text{matrix}}} \cdot \underbrace{\begin{bmatrix} u_1(t) \\ \vdots \\ u_r(t) \end{bmatrix}}_{\substack{\text{Eingangs-} \\ \text{vektor}}}
$$

$$(2.34)$$

Die grafische Interpretation dieser Gleichungen benutzt als Verbindungslinien zwischen
den Blöcken Doppellinien, um den Matrizen- und Vektorcharakter im Bild hervorzuheben
(Abb. 2.13).

Beispiel 2.8

Ein typischer Vertreter eines Mehrgrößensystems ist das folgende Rührwerk mit zwei
Antrieben (Abb. 2.14). Es ist aus *Lutz*, *Wendt* [6] mit freundlicher Genehmigung des Harri-
Deutsch Verlages entnommen. Das Rührwerk hat zwei Eingänge und zwei Ausgänge. Die
Antriebssysteme sind mechanisch gekoppelt, wobei die Kopplungsstärke von der Visko-
sität des Rührgutes abhängt. Die Eingangsgrößen sind die beiden Ankerspannungen $u_1(t)$
und $u_2(t)$, die Ausgangsgrößen $y_1(t) = \omega_1(t) = x_1(t)$ sowie die Winkelgeschwindigkei-
ten $\omega_1(t)$ vom Rührwerk und $\omega_2(t)$ des separat angetriebenen Rührkessels.

System 1 umfasst neben dem Antrieb M_1 das Rührwerk, System 2 den Behälter mit
Antrieb M_2.

Abb. 2.14 Rührwerk mit zwei
Antrieben
$u(t)$ Ankerspannung
$\omega(t)$ Winkelgeschwindigkeit
$M_M(t)$ Motormoment
$M_B(t)$ Beschleunigungsmo-
ment
$M_R(t)$ Reibungsmoment
M_M Momentenkonstante
r_k Dämpfungskoeffizient
J Massenträgheitsmoment

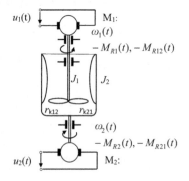

Aus der Abb. 2.14 werden die Momentengleichungen entnommen:

$$J_1\dot{\omega}_1(t) = M_{M1}(t) + M_{R1}(t) + M_{R12}(t) = K_{M1}u_1(t) - r_{k1}\omega_1(t) - r_{k12}\omega_2(t)$$
$$J_2\dot{\omega}_2(t) = M_{M2}(t) + M_{R2}(t) + M_{R21}(t) = K_{M2}u_2(t) - r_{k2}\omega_2(t) - r_{k21}\omega_1(t)$$

Bei der Doppelindizierung des Dämpfungskoeffizienten bedeutet der erste Index System 1 und der zweite Index System 2. Mit den angepassten Bezeichnungen werden die Zustandsgleichungen zusammengestellt:

Zustandsdifferenzialgleichungen

$$\begin{bmatrix} \dot{x}_1 \\ \dot{x}_2 \end{bmatrix} = \begin{bmatrix} -\dfrac{r_{k1}}{J_1} & -\dfrac{r_{k12}}{J_1} \\ -\dfrac{r_{k21}}{J_2} & -\dfrac{r_{k2}}{J_2} \end{bmatrix} \begin{bmatrix} x_1(t) \\ x_2(t) \end{bmatrix} + \begin{bmatrix} \dfrac{K_{M1}}{J_1} & 0 \\ 0 & \dfrac{K_{M2}}{J_2} \end{bmatrix} \begin{bmatrix} u_1(t) \\ u_2(t) \end{bmatrix}$$

Ausgangsgleichung

$$\begin{bmatrix} y_1(t) \\ y_2(t) \end{bmatrix} = \begin{bmatrix} 1 & 0 \\ 0 & 1 \end{bmatrix} \begin{bmatrix} x_1(t) \\ x_2(t) \end{bmatrix}$$

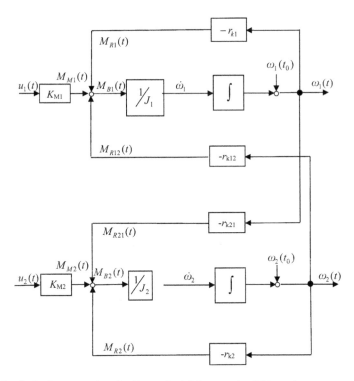

Abb. 2.15 Grafische Interpretation der Zustandsgleichungen des Rührwerkes

Eine grafische Interpretation der Zustandsgleichungen zeigt das Strukturdiagramm (Abb. 2.15). Über die Dämpfungskoeffizienten sind die beiden Systeme miteinander verbunden.

■

2.4 Übungsaufgaben

Aufgabe 2.1 Die Schwingungsgleichung soll in eine Zustandsform überführt werden:

$$\ddot{y} + 2\delta\dot{y} + \omega_0^2 y(t) = b_0 u(t) = \frac{1}{m} u(t) \tag{2.35}$$

δ Abklingkonstante
ω_0 Kreisfrequenz des ungedämpft schwingenden Systems
m gesamte Masse des schwingenden Systems

Für die Zerlegung sei $b_0 = 1$ angenommen (vgl. Abschn. 2.1.1.1):

$$y(t) = x_1(t)$$
$$\dot{y} = \dot{x}_1 = x_2(t)$$
$$\ddot{y} = \dot{x}_2 = -\omega_0^2 x_1(t) - 2\delta x_2(t) + u(t)$$

Aus dieser Zusammenstellung folgen die Zustandsgleichungen:

$$\vec{\dot{x}} = \begin{bmatrix} 0 & 1 \\ -\omega_0^2 & -2\delta \end{bmatrix} \vec{x}(t) + \begin{bmatrix} 0 \\ 1 \end{bmatrix} u(t) \tag{2.36}$$

$$y(t) = \vec{c}^T \vec{x}(t) = \begin{bmatrix} b_0 & b_1 \end{bmatrix} \vec{x}(t) = \frac{1}{m} x_1(t) \tag{2.37}$$

Die Zustandsgleichungen liegen in Regelungsnormalform vor (vgl. (2.19))!

■

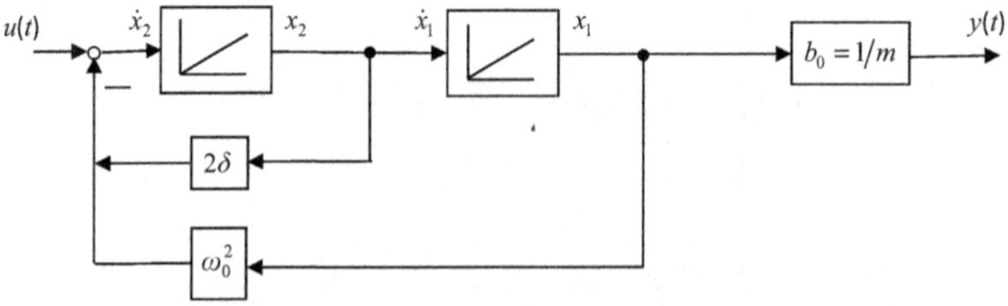

Abb. 2.16 Strukturbild der Zustandsgleichungen für ein schwingendes System

Aufgabe 2.2 Es sind die Zustandsgleichungen der folgenden Übertragungskette gesucht. Aus der Abb. 2.17 lässt sich entnehmen:

$$\frac{x_2(s)}{u(s)} = \frac{K_P}{1 + 5s} \Rightarrow \dot{x}_2 = -\frac{1}{5}x_2(t) + \frac{K_P}{5}u(t) \tag{2.38}$$

$$\frac{x_1(t)}{x_2(t)} = \frac{s}{1 + 2s} \Rightarrow \dot{x}_1 = -\frac{1}{2}x_1(t) - \frac{1}{10}x_2(t) + \frac{K_P}{10}u(t) \tag{2.39}$$

Beide Gln. 2.38 und 2.39 sind Bestandteile der Zustandsgleichungen:

$$\dot{\vec{x}} = \begin{bmatrix} -\dfrac{1}{2} & -\dfrac{1}{10} \\ 0 & -\dfrac{1}{5} \end{bmatrix} \vec{x}(t) + \frac{K_P}{10}\begin{bmatrix} 1 \\ 2 \end{bmatrix} u(t) \tag{2.40}$$

$$y(t) = \begin{bmatrix} 0 & 1 \end{bmatrix} \vec{x}(t) = x_2(t) \tag{2.41}$$

Aus dem Blockschaltbild (Abb. 2.18) folgt die Übertragungsfunktion der Kette:

$$s^2 x_1(s) = u(s) - \frac{7}{10}s x_1(s) - \frac{1}{10}x_1(s) \tag{2.42}$$

$$y(s) = \frac{K_P}{10}s x_1(s) \tag{2.43}$$

$$\frac{y(s)}{u(s)} = \frac{K_P}{10} \frac{s}{s^2 + \frac{7}{10}s + \frac{1}{10}} = K_P \frac{s}{10s^2 + 7s + 1} \tag{2.44}$$

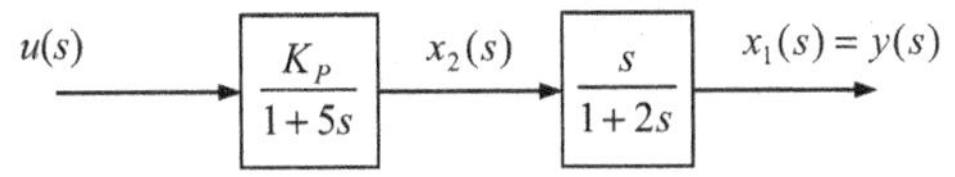

$$u(s) \longrightarrow \boxed{\frac{K_P}{1 + 5s}} \xrightarrow{x_2(s)} \boxed{\frac{s}{1 + 2s}} \xrightarrow{x_1(s) = y(s)}$$

Abb. 2.17 Übertragungskette, bestehend aus einem realen P-Regler und einem realen Differenzierglied

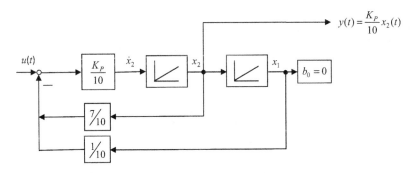

Abb. 2.18 Signalübertragungsstruktur der Übertragungskette

Die zugehörige Differenzialgleichung gehört zur Kategorie „Schwingungsgleichung"

$$\ddot{y} + \frac{7}{10}\dot{y} + \frac{1}{10}y(t) = \frac{K_P}{10}\dot{u} \tag{2.45}$$

Die Zustandsgleichungen liegen jetzt in Regelungsnormalform vor:

$$\dot{\vec{x}} = \begin{bmatrix} 0 & 1 \\ -\dfrac{1}{10} & -\dfrac{7}{10} \end{bmatrix} \vec{x}(t) + \begin{bmatrix} 0 \\ 1 \end{bmatrix} u(t) \tag{2.46}$$

$$y(t) = \begin{bmatrix} 0 & \dfrac{K_P}{10} \end{bmatrix} \vec{x}(t) = x_2(t) \tag{2.47}$$

∎

Aufgabe 2.3 Das Übertragungsverhalten eines sprungförmigen Systems wird durch die folgende Differenzialgleichung beschrieben:

$$\ddot{y} + a_1\dot{y} + a_0 y(t) = b_0 u(t) + b_1\dot{u} + b_2\ddot{u} \tag{2.48}$$

Mit den Substitutionen

$$y(t) = x_1(t)$$
$$\dot{y} = \dot{x}_1 = x_2(t)$$
$$\ddot{y} = \dot{x}_2 = -a_1 x_2(t) - a_0 x_1(t) + b_0 u(t) + b_1\dot{u} + b_2\ddot{u}$$

und der Gl. 2.15 können die Zustandsgleichungen gebildet werden:

$$\dot{\vec{x}} = \begin{bmatrix} 0 & 1 \\ -a_0 & -a_1 \end{bmatrix} \vec{x}(t) + \begin{bmatrix} 0 \\ 1 \end{bmatrix} u(t) \tag{2.49}$$

$$y(t) = (b_0 - b_2 a_0)\, x_1(t) + (b_1 - b_2 a_1)\, x_2(t) \tag{2.50}$$

∎

Aufgabe 2.4 Aufstellen der Zustandsgleichungen eines RC-Gliedes.

Das RC-Glied (Abb. 2.19) enthält einen Energiespeicher. Die Kondensatorspannung ist die Zustandsgröße. Sie ist maßgebend für die im Kondensator gespeicherte Energie. Aus der Maschengleichung

$$u_e = u_R + u_C \tag{2.51}$$

folgt mit $u_R = iR + u_C$ und $u_C = \frac{1}{C}\int i\, dt \Rightarrow C\dot{u}_C = i$ eine Differenzialgleichung erster Ordnung:

$$u_e = RC\dot{u}_C + u_C \tag{2.52}$$

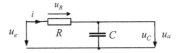

Abb. 2.19 RC-Glied
u_e Eingangsspannung
u_C Ausgangsspannung
C Kapazität
R Ohmscher Widerstand
i el. Stromstärke

Nach der Division mit der Zeitkonstanten $T = RC$ ist das Ergebnis der Zustandsgleichungen:

$$\dot{u}_C = -\frac{1}{T}u_C + \frac{1}{T}u_e \tag{2.53}$$

$$y = u_C = u_a \tag{2.54}$$

Die Ausgangsgleichung hängt nur vom Energiespeicher ab. Der Durchgriff ist nicht vorhanden, da keine Verbindung zwischen Ein- und Ausgangsseite vorliegt.

Eine weitere Möglichkeit, die Zustandsgleichungen zu berechnen, ergibt sich aus der Übertragungsfunktion:

$$\frac{u_a}{u_e} = \frac{1}{1 + RCs} = \frac{u_C}{u_e} \tag{2.55}$$

Nach Rücktransformation in den Zeitbereich erhält man das zuvor ermittelte Ergebnis (2.53), (2.54) in der speziellen Schreibweise, das Proportionalglied nachträglich in der Ausgangsgleichung zu berücksichtigen:

$$\dot{u}_a = -\frac{1}{T}u_a + u_e \tag{2.56}$$

$$y(t) = \frac{1}{T}u_a \tag{2.57}$$

■

Aufgabe 2.5 Einen vergleichbaren Rechenweg für das Aufstellen der Zustandsgleichungen für das LR-Glied ergibt sich aus der Abb. 2.20.

Je mehr Strom durch die Spule fließt, desto reichhaltiger ist Energie in ihr gespeichert. Der Strom ist demnach die einzige Zustandsgröße. Es liegt ein Eingrößensystem vor. Ein Durchgriff ist nicht vorhanden.

Formal ist die Struktur der Zustandsgleichungen mit denen der Aufgabe 2.4 identisch. Aus dem Netzwerk folgen mit der el. Stromstärke i als Zustandsgröße:

$$u_e = u_L + u_a \quad \text{mit} \quad u_L = L\frac{di}{dt} \quad \text{und} \quad iR = u_a.$$

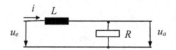

Abb. 2.20 RL-Glied
u_e Eingangsspannung
u_a Ausgangsspannung
L Induktivität
R Ohmscher Widerstand
i el. Stromstärke

Abb. 2.21 Blockschaltbild
eines Systems erster Ordnung

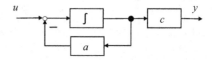

Sie bilden unmittelbar die Zustandsgleichungen:

$$\frac{di}{dt} = -\frac{R}{L}i + u_e \tag{2.58}$$

$$y = \frac{1}{L}i \tag{2.59}$$

Die Gleichungen können aber auch unmittelbar aus der Übertragungsfunktion berechnet werden, wenn für $\dot{u}_a = R\frac{di}{dt}$ gesetzt wird.

Die Zustandsgleichungen der beiden Übertragungsgliedern in Aufgaben 2.4 und 2.5 haben gleiche Struktur. Sie sind nach dem Muster von Eingrößensystemen aufgebaut, die Koeffizienten sind Skalare:

$$\dot{x} = ax(t) + bu(t)$$
$$y(t) = cx(t) + du(t) \tag{2.60}$$

In beiden Fällen gilt für den Durchgriff $d = 0$.

Beim RC-Glied ist $a = -\frac{1}{T}; b = 1; c = \frac{1}{T}$
Beim LR-Glied ist $a = -\frac{R}{L}; b = 1; c = \frac{1}{L}$

■

Aufgabe 2.6 System zweiter Ordnung: RLC-Glied. Gesucht sind die Zustandsgleichungen.

Bei dieser Anordnung ist der Strom durch die Spule die erste Zustandsgröße, die Spannung am Kondensator die zweite. Die Spannungsbilanz ist:

$$u_L + u_C + u_a = u_e \quad \text{oder} \quad L\frac{di}{dt} + u_C + iR = u_e \tag{2.61}$$

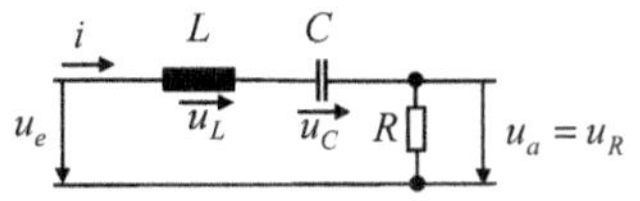

Abb. 2.22 Blockschaltbild eines Systems zweiter Ordnung
u_e Eingangsspannung
u_a Ausgangsspannung
L Induktivität
R Ohmscher Widerstand
i el. Stromstärke

Die Gleichung umgestellt und durch L dividiert ergibt:

$$\frac{di}{dt} = -\frac{R}{L}i - \frac{1}{L}u_C + \frac{1}{L}u_e \tag{2.62}$$

Die Spannungsänderung am Kondensator führt zu der zweiten Gleichung:

$$\frac{du_C}{dt} = \frac{1}{C}i + 0u_C + 0u_e \tag{2.63}$$

Die beiden Gleichungen in Vektor-/Matrizenschreibweise geschrieben:

$$\begin{bmatrix} \dfrac{du_C}{dt} \\ \dfrac{di}{dt} \end{bmatrix} = \begin{bmatrix} \dfrac{1}{C} & 0 \\ -\dfrac{R}{L} & -\dfrac{1}{L} \end{bmatrix} \begin{bmatrix} i \\ u_C \end{bmatrix} + \begin{bmatrix} 0 \\ \dfrac{1}{L} \end{bmatrix} u_e \tag{2.64}$$

$$u_a = \begin{bmatrix} R & 0 \end{bmatrix} \begin{bmatrix} i \\ u_C \end{bmatrix} = Ri + 0u_C \tag{2.65}$$

Aus der Übertragungsfunktion der Anordnung folgt die Differenzialgleichung 2.68:

$$\frac{u_a(s)}{u_e(s)} = \frac{i(s)R}{u_e(s)} = \frac{RCs}{1 + RCs + LCs^2} \tag{2.66}$$

Mit $i = C\dot{u}_C$ oder $i(s) = Csu_C(s)$ wird der Bruch vereinfacht:

$$\frac{u_C(s)}{u_e(s)} = \frac{1}{1 + RCs + LCs^2} \tag{2.67}$$

Im Zeitbereich ergibt sich hieraus die Differenzialgleichung:

$$\ddot{u}_C LC + \dot{u}_C RC + u_C(t) = u_e(t) \tag{2.68}$$

oder in normierter Form ausgedrückt:

$$\ddot{u}_C + \frac{R}{L}\dot{u}_C + \frac{1}{LC}u_C(t) = \frac{1}{LC}u_e(t) \tag{2.69}$$

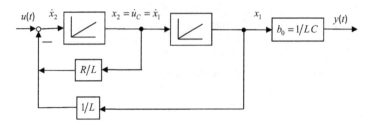

Abb. 2.23 Zustandsdarstellung eines RCL-Gliedes auf der Basis der Kondensatorspannung u_C

Mit der Kondensatorbeziehung $u_C = \frac{1}{C} \int i \, dt$ sowie deren Ableitungen $\dot{u}_C = \frac{1}{C} i$ und $\ddot{u}_C = \frac{1}{C} \frac{di}{dt}$ wird die Zustandsgröße Strom i in die Gl. 2.69 eingeführt:

$$\frac{di(t)}{dt} = -\frac{R}{L} i(t) - \frac{1}{L} u_C(t) + \frac{1}{L} u_e(t) \tag{2.70}$$

$$\frac{du_C}{dt} = \frac{1}{C} i(t) \tag{2.71}$$

Die beiden Gleichungen führen auf das gleiche Muster wie in (2.64). Eine Zerlegung der Differenzialgleichung 2.69 nach der Zustandsgröße Kondensatorspannung $u_C(t)$ ergibt:

$$y(t) = u_C(t) = x_1(t)$$
$$\dot{y} = \dot{u}_C = x_2(t)$$
$$\ddot{y} = \ddot{u}_C = \dot{x}_2 = -\frac{1}{LC} u_C(t) - \frac{R}{L} \dot{u}_C + \frac{1}{LC} u_e(t) = \frac{1}{C} \frac{di}{dt} \tag{2.72}$$

Die Gleichungen als Blockschaltbild dargestellt (Abb. 2.23).

■

Aufgabe 2.7 Die Zustandsdarstellung eines hydraulischen Systems ist gesucht (Abb. 2.24). Es besteht aus zwei miteinander verbundenen Behältern. Gefüllt werden die Behälter von zwei voneinander unabhängigen Zuläufen. Jeder der beiden Behälter hat einen Auslauf. Die Flüssigkeitsspiegel $x_1(t)$, $x_2(t)$ sind die Zustandsgrößen. Ihr jeweiliger Wert hängt von den Zuflüssen und von den Abflüssen ab.

Abb. 2.24 Zwei-Behältersystem
$u_1(t), u_2(t)$ Zulauf 1 und 2
$y_1(t), y_2(t)$ Auslauf 1 und 2
$x_1(t), x_2(t)$ Spiegel 1 und 2

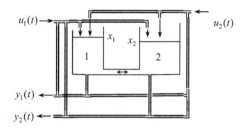

Betrachtet man a und b als gerätespezifische Proportionalitätsfaktoren, so lässt sich eine Spiegeländerung wie folgt zusammenfassen:

$$\dot{x}_1 = a_{11}x_1(t) + a_{12}x_2(t) + b_{11}u_1(t) + b_{12}u_2(t)$$
$$\dot{x}_2 = a_{21}x_1(t) + a_{22}x_2(t) + b_{21}u_1(t) + b_{22}u_2(t) \tag{2.73}$$

In Vektor-/Matrizenschreibweise geschrieben:

$$\vec{\dot{x}} = \begin{bmatrix} \dot{x}_1 \\ \dot{x}_2 \end{bmatrix} = \begin{bmatrix} a_{11} & a_{12} \\ a_{21} & a_{22} \end{bmatrix} \cdot \begin{bmatrix} x_1(t) \\ x_2(t) \end{bmatrix} + \begin{bmatrix} b_{11} & b_{12} \\ b_{21} & b_{22} \end{bmatrix} \vec{u}(t) \tag{2.74}$$

Die Ausgangsgrößen hängen jeweils von drei Teilflüssen ab: Den Bodenabflüssen sowie den ungehinderten Teilabflüssen von den Zuflüssen $u_1(t)$ und $u_2(t)$, damit besteht eine direkte Verbindung zwischen den Eingangsgrößen und den Ausgangsgrößen ohne Beeinflussung durch das System. Man nennt diese Verbindung **Durchgriff**. Für die Abflussbilanzen gilt:

$$y_1(t) = c_{11}x_1(t) + c_{12}x_2(t) + d_{11}u_1(t) + d_{12}u_2(t)$$
$$y_2(t) = c_{21}x_1(t) + c_{22}x_2(t) + d_{21}u_1(t) + d_{22}u_2(t) \tag{2.75}$$

Die Ausgangsgrößen, aufgelöst in Vektor-/Matrizenschreibweise:

$$\vec{y}(t) = \begin{bmatrix} y_1(t) \\ y_2(t) \end{bmatrix} = \begin{bmatrix} c_{11} & c_{12} \\ c_{21} & c_{22} \end{bmatrix} \cdot \begin{bmatrix} x_1(t) \\ x_2(t) \end{bmatrix} + \begin{bmatrix} d_{11} & d_{12} \\ d_{21} & d_{22} \end{bmatrix} \cdot \begin{bmatrix} u_1(t) \\ u_2(t) \end{bmatrix} \tag{2.76}$$

Die Zustandsbeschreibung des Mehrgrößensystems in zusammengefasster Form:

$$\vec{\dot{x}} = \bar{A}\vec{x}(t) + \bar{B}\vec{u}(t)$$
$$\vec{y}(t) = \bar{C}\vec{x}(t) + \bar{D}\vec{u}(t) \tag{2.77}$$

■

Aufgabe 2.8 Für einen doppelten Integrator sind die Zustandskurven gesucht. Die Übertragungsfunktion und die Differenzialgleichung lauten:

$$G(s) = \frac{y(s)}{u(s)} = \frac{1}{s^2} \Rightarrow u(t) = \ddot{y} \tag{2.78}$$

Werden die Zustandsvariablen $x_1(t)$ und $x_2(t)$ eingeführt, ergeben sich zwei Differenzialgleichungen, aus denen sich die Zeit durch Quotientenbildung eliminieren lässt:

$$\left. \begin{array}{r} \dfrac{dx_1}{dt} = x_2(t) \\[2mm] \dfrac{dx_2}{dt} = u \end{array} \right\} \Rightarrow \frac{\frac{dx_2}{dt}}{\frac{dx_1}{dt}} = \frac{u}{x_2} = \frac{dx_2}{dx_1} \tag{2.79}$$

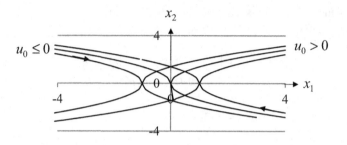

Abb. 2.25 Zustandskurven in der x_1-x_2-Ebene

Unter der Annahme, dass die Eingangsgröße $u = u_0$ konstant ist, kann die Integration leicht durchgeführt werden:

$$\int x_2 dx_2 = \int u_0 dx_1 + C$$

$$\frac{1}{2}x_2^2 = u_0 (x_1 - C)$$

$$x_2^2(t) = 2u_0 (x_1(t) - C) \tag{2.80}$$

Die Lösung ist eine Parabelgleichung, deren Scheitelpunkt auf der x_1-Achse jeweils um die Integrationskonstante C verschoben ist. Für $u_0 < 0$, ist die Parabel nach links geöffnet, im Falle $u_0 > 0$ erfolgt die Öffnung nach rechts (Abb. 2.25). Parameter für die Skizze: $C = -1; 0; 1$. Eingangsamplitude: $u_0 = 1$.

■

2.5 Zusammenfassung

Die klassische Regelungstechnik benutzt ein mathematisches Modell der Regelstrecke, das das zeitliche Ein- Ausgangsverhalten des realen Systems beschreibt. Bei linearen und zeitinvarianten Systemen ist die Modellgleichung eine lineare zeitinvariante Differenzial-gleichung n-ter Ordnung mit konstanten Koeffizienten. Die Lösung erfolgt zweckmäßiger-weise im Bildbereich. Hier ist auch die Übertragungsfunktion definiert, eine äquivalente Form zur Differenzialgleichung. Die weiteren Analysen- und Syntheseverfahren benutzen ebenfalls vorwiegend den Bildbereich.

   Im dort formulierten Streckenmodell werden interne Vorgänge nur summarisch als Reaktion auf Eingangsgrößenänderungen angezeigt. Tiefere Einblicke in das innere Sys-temverhalten liefert das **Zustandsmodell** einer Regelstrecke. Es beruht auf interne Mess-größen, die im **Zustandsvektor** zusammenfasst werden. Das Zustandsmodell lässt sich relativ einfach im Zeitbereich aus der Differenzialgleichung oder im Bildbereich aus der Übertragungsfunktion entwickeln. Hierbei wird die Differenzialgleichung n-ter Ordnung in ein System von n Differenzialgleichungen erster Ordnung umgewandelt und in expliziter Form dargestellt. **Zusammen** mit der algebraischen **Ausgangsgleichung** bildet das System von n **Differenzialgleichungen** erster Ordnung das Zustandsmodell.

Die spezielle Form des Systems der n Differenzialgleichungen ermöglicht auch eine Matrizenschreibweise des Gleichungssystems 2.18. Die dabei auftretende Matrix nennt man **Systemmatrix**. In ihrer letzten Zeile sind die mit negativem Vorzeichen versehene Koeffizienten des Nennerpolynoms der Übertragungsfunktion aufgelistet. Ist in der restlichen Matrix die erste Spalte nur mit Nullen besetzt und die verbleibende $(n-1) \times (n-1)$-Matrix eine Einheitsmatrix, spricht man von der **Regelungsnormalform** der Zustandsgleichungen 2.19.

Bei der Herleitung der Ausgangsgleichung betrachtet man zunächst **sprungfähige Systeme**. Zähler- und Nennerpolynom der Übertragungsfunktion haben bei diesen Systemen gleiche Ordnung. In diesem Falle enthält die Ausgangsgleichung sowohl die Zähler- als auch die Nennerkoeffizienten der Übertragungsfunktion. Den Koeffizienten bei der höchsten Potenz des Zählerpolynoms bezeichnet man mit **Durchgriff**. Ist er von Null verschieden, werden Eingangsgrößen direkt und unverzögert auf die Ausgangsseite durchgeleitet.

Bei den **nicht sprungfähigen Systemen**, die Ordnung des Zählerpolynoms ist kleiner als die des Nennerpolynoms, treten in der Ausgangsgleichung nur die Koeffizienten des Zählerpolynoms der Übertragungsfunktion auf (vgl. Beispiel 2.3). Kommen in der Eingangsgröße keine Ableitungen vor, erscheint in der Ausgangsgröße nur der Koeffizient bei der Eingangsgröße. Er lässt sich auch in Form eines Proportionalgliedes auf der Eingangsseite des Blockschaltbildes platzieren.

Dynamische Vorgänge können in der y-t-Ebene übersichtlich dargestellt werden. Eine alternative Form ist die **Zustandsebene**. Man fasst die beiden Zustandsvariablen x_1 und x_2 als Koordinaten eines ebenen rechtwinkeligen Koordinatensystems auf und nennt die so entstehenden Ebene **Zustandsebene** (vgl. Abb. 2.5). Entsprechend wird der Zustandsraum aus den drei Zustandsvariablen x_1, x_2 und x_3 konstruiert. Bei einem festen Parameter t zeigt die Spitze des **Zustandsvektors** auf den **Zustandspunkt** (vgl. Abb. 2.5 und 2.6). Bei einem variablen t bildet die Punktreihe die Schar der **Zustandskurven** oder **Trajektorien** (vgl. Abb. 2.6), auf denen sich der Zustandspunkt bewegt (vgl. Beispiel 2.4).

Die Zustandsbeschreibung eines Regelkreises führt über die Übertragungsfunktionen der im Kreis liegenden Regelkreisglieder. Durch Umstellen und Rücktransformation in den Zeitbereich der Übertragungsfunktionen erhält man die jeweiligen Differenzialgleichungen, die sich zum System der Zustandsgleichungen ordnen lassen (vgl. Aufgabe 2.2).

Mehrgrößensysteme unterscheiden sich in der mathematischen Beschreibung von Eingrößensystemen durch Verwenden von Matrizen und Vektoren. Die Systemmatrix $\bar{A}$ bleibt in ihrer ursprünglichen Form erhalten. Der Eingangsvektor $\vec{b}$ wird erweitert zu einer $(n \times r)$-Matrix $\bar{B}$, der Durchgriff d zur $(m \times r)$-Matrix $\bar{D}$ und der Ausgangsvektor $\vec{c}^T$ zu einer $(m \times n)$-Matrix $\bar{C}$.

Die skalare Eingangsgröße $u(t)$ und die skalare Ausgangsgröße $y(t)$ werden zu einem $(r \times 1)$-Vektor $\vec{u}(t)$ sowie zu einem $(m \times 1)$-Vektor $\vec{y}(t)$ (vgl. Beispiel 2.7, Aufgabe 2.7).

Literatur

1. Ameling, W.: Laplace-Transformation, Naturwissenschaft und Technik. Vieweg, Braunschweig, Wiesbaden (1984)
2. Wollnack, J.: Regelungstechnik II, TUHH (2001)
3. Unbehauen, H.: Regelungstechnik II: Zustandsregelungen, digitale und nicht lineare Regelsysteme. Studium Technik. Vieweg, Wiesbaden (2009)
4. Holzhüter, T.: Zustandsregelung FHHH (2009)
5. Walter, H.: Grundkurs Reglungstechnik, 3. Aufl. Springer Vieweg, Wiesbaden (2001)
6. Lutz, H., Wendt, W.: Taschenbuch der Regelungstechnik. Harri Deutsch, Haan-Gruiten (2014)
7. Schumacher, W.: Skript Regelungstechnik (2015). www.ifr.ing.tu-bs

Steuerbarkeit und Beobachtbarkeit

Eine der grundlegenden Eigenschaften von dynamischen Systemen sind Steuerbarkeit und Beobachtbarkeit. Sie müssen erfüllt sein, wenn die Lösbarkeit von Regelungsaufgaben gewährleistet sein soll. Die Steuerung zielt auf die Beeinflussung der Zustandsgrößen, die Ausgangssteuerbarkeit auf die Ausgangsgrößen, was meistens auch gewünscht ist. Daneben ist die Beobachtbarkeit eine elementare Forderung an dynamische Systeme. *Kalman* [2] hat zur Überprüfung dieser Systemeigenschaften Kriterien angegeben, die erfüllt sein müssen, wenn diese Merkmale gegeben sein sollen. Er bezieht sich dabei auf die in (2.32) definierten Matrizen $\bar{A}, \bar{B}, \bar{C}$ und $\bar{D}$ eines MIMO-Systems, SISO-Systeme sind darin enthalten.

3.1 Zustandssteuerbarkeit, Ausgangssteuerbarkeit

▶ Das durch (2.32) beschriebene lineare, zeitinvariante System ist **vollständig zustandssteuerbar**, wenn es für jeden Anfangszustand $\vec{x}(t_0)$ eine Steuerfunktion $\vec{u}(t)$ gibt, die das System innerhalb einer beliebigen endlichen Zeitspanne $t_0 \le t \le t_1$ in den Endzustand $\vec{x}(t_1) = \vec{0}$ überführen kann.

Das Attribut vollständig entfällt, wenn der Endzustand nicht von jedem Anfangszustand aus unter diesen Bedingungen erreicht werden kann.

Zur Überprüfung der **vollständigen Zustandssteuerbarkeit** kann das folgende Kriterium benutzt werden.

$$\mathbf{Rang} \left[\bar{B} \,|\, \bar{A}\,\bar{B} \,|\, \bar{A}^2\,\bar{B} \,|\, \cdots \,|\, \bar{A}^{n-1}\,\bar{B} \right] = n \tag{3.1}$$

Beim praktischen Entwurf von Regelungen wird meistens die Steuerung der Ausgangsgrößen angestrebt. Zur Überprüfung, ob das System **vollständig ausgangssteuerbar** ist,

Abb. 3.1 Parallelschaltung
zweier gleichartiger Systeme

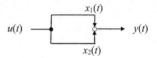

dient das folgende Kriterium:

$$\text{Rang}\left[\bar{C}\ \bar{B}|\bar{C}\ \bar{A}\ \bar{B}|\bar{C}\ \bar{A}^2\bar{B}|\cdots|\bar{C}\ \bar{A}^{n-1}\bar{B}|\bar{D}\right] = m \tag{3.2}$$

Beispiel 3.1
Der Unterschied zwischen den beiden Begriffen Zustandssteuerbarkeit und Ausgangssteuerbarkeit soll mithilfe der beiden Kriterien an einem Beispiel 3.1 aus *Unbehauen* [3, S. 49] oder *Wollnack* [4] gezeigt werden (Abb. 3.1).

Für das gegebene System gilt:

$$\begin{aligned}\vec{\dot{x}}_1 &= u(t) \\ \vec{\dot{x}}_2 &= u(t)\end{aligned} \quad \text{und} \quad y_1(t) = x_1(t) + x_2(t)$$

Hieraus folgen unmittelbar die Zustandsgleichungen:

$$\vec{\dot{x}} = \begin{bmatrix}\dot{x}_1\\\dot{x}_2\end{bmatrix} = \begin{bmatrix}0 & 0\\0 & 0\end{bmatrix}\vec{x}(t) + \begin{bmatrix}1\\1\end{bmatrix}u(t) \quad \text{und} \quad y(t) = \begin{bmatrix}1 & 1\end{bmatrix}\begin{bmatrix}x_1(t)\\x_2(t)\end{bmatrix} = x_1(t) + x_2(t)$$
$$\tag{3.3}$$

$$(3.1) \Rightarrow \text{Rang}\left[\vec{b}|\bar{A}\vec{b}\right] = \text{Rang}\begin{bmatrix}1 & 0\\1 & 0\end{bmatrix} = 1 \neq n = 2, \quad \text{da } D_1 = 1, \text{ aber } D_2 = 0$$

$\Rightarrow$ nicht zustandssteuerbar!

$$(3.2) \Rightarrow \text{Rang}\left[\vec{c}^T\vec{b}|\vec{c}^T\bar{A}\vec{b}\right] = \text{Rang}\,[2|0] = 1 = m, \quad \text{wegen } D_1 = 2, \ D_1^* = 0$$

$\Rightarrow$ ausgangssteuerbar!

■

3.2   Beobachtbarkeit

▶   Das lineare, zeitinvariante System (2.32) ist vollkommen beobachtbar, wenn man
bei bekannter äußerer Beeinflussung und bekannten Matrizen $\bar{A}$ und $\bar{C}$ aus dem
Ausgangsvektor $\vec{y}(t)$ über ein endliches Zeitintervall $t_0 \le t \le t_1$ den Anfangszustand $\vec{x}(t_0)$ eindeutig bestimmen kann.

Zur Überprüfung der **vollständigen Beobachtbarkeit** lässt sich das folgende Kriterium verwenden. Zunächst wird die $(nm \times n)$-Matrix gebildet und anschließend transponiert. Ihr Rang muss gleich n sein, um das Kriterium zu erfüllen:

$$S_2 = \begin{bmatrix} \bar{C} \\ \bar{C}\,\bar{A} \\ \bar{C}\,\bar{A}^2 \\ \vdots \\ \bar{C}\,\bar{A}^{n-1} \end{bmatrix} \Rightarrow \text{Rang}\left[\bar{C}^T \,|\, \bar{A}^T \bar{C}^T \,|\, (\bar{A}^T)^2 \bar{C}^T \,|\, \cdots \,|\, (\bar{A}^T)^{n-1} \bar{C}^T \right] = n \qquad (3.4)$$

Ergänzend wird das vorangegangene Beispiel 3.1 nochmals betrachtet und in Beispiel 3.2 auf vollständige Beobachtbarkeit überprüft.

Beispiel 3.2

Der Ausgangsvektor ist $\vec{c}^{\,T} = \begin{bmatrix} 1 & 1 \end{bmatrix} = \bar{C}$ und die Systemmatrix $\bar{A} = \begin{bmatrix} 0 & 0 \\ 0 & 0 \end{bmatrix}$ aus Beispiel 3.1.

Aus (3.4) $\Rightarrow$ Rang $\begin{bmatrix} \vec{c} & (\vec{c}^{\,T} \bar{A})^T \end{bmatrix}$ = Rang $\begin{bmatrix} \vec{c} & A^T \vec{c} \end{bmatrix}$ = Rang $\begin{bmatrix} 1 & 0 \\ 1 & 0 \end{bmatrix}$ = $1 \neq n = 2$

$\Rightarrow$ nicht beobachtbar!

∎

Die drei Kriterien zur Überprüfung der vollständigen Steuerbarkeit, Ausgangssteuerbarkeit und Beobachtbarkeit lassen sich in dem folgenden Blockschaltbild veranschaulichen. Ein nicht erfülltes Kriterium ist in dem Bild durch Fehlen der Verbindung zum Eingang oder Ausgang gekennzeichnet (Abb. 3.2).

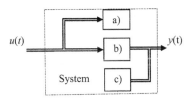

Abb. 3.2 Interpretation der *Kalman*-Kriterien:
a) Vollständig steuerbar, aber nicht beobachtbar, da die Eingangsgröße auf das System einwirken kann, bzw. aus der fehlenden Ausgangsgröße der Anfangszustand nicht ermittelt werden kann.
b) Vollständig steuerbar und vollständig beobachtbar, weil die Eingangsgröße auf das System einwirken kann, bzw. mit der Ausgangsgröße der Anfangszustand bestimmt werden kann.
c) Vollständig beobachtbar, aber nicht steuerbar, der Anfangszustand kann aus der vorhanden Ausgangsgröße berechnet werde, bzw. es besteht keine Einwirkungsmöglichkeit auf das System!

3.3   Transformation des Zustandsvektors

Eine gegebene Zustandsgleichung eines Eingrößensystems

$$\dot{\vec{x}} = \bar{A}\vec{x}(t) + \vec{b}u(t), \quad \vec{x}(0) = \vec{0} \tag{3.5a}$$

$$y(t) = \vec{c}^T \vec{x}(t) \tag{3.5b}$$

soll mit einer geeigneten **Transformationsmatrix** $\bar{T}$ in die Regelungsnormalform überführt werden.

Beim Übergang des Zustandsvektors $\vec{x}(t)$ auf einen transformierten Zustandsvektor
$\vec{x}_R(t)$ erfahren auch die Matrizen der Ausgangsdarstellung eine Veränderung. Das Übertragungsverhalten $G(s)$ soll bei dieser Transformation erhalten bleiben. Deshalb muss die
Transformationsmatrix regulär sein, *Holzhüter* [5]. Das bedeutet, $\bar{T}$ ist quadratisch und
besitzt eine Inverse. Eine ausführliche Herleitung findet sich in *Strohrmann, Brunner* [1].

Die Transformation des gegeben Zustandsvektors $\vec{x}(t)$ in das neue System wird durch
die Beziehung

$$\vec{x}_R(t) = \bar{T}\vec{x}(t) \Leftrightarrow \bar{T}^{-1}\vec{x}_R(t) = \vec{x}(t) \tag{3.6}$$

hergestellt. Der Index R weist auf die gewünschte Regelungsnormalform der Systemmatrix hin. Werden diese Ausdrücke in die Zustandsdifferenzialgleichungen 2.32 eingesetzt,
ist das neue, transformierte System:

$$\dot{\vec{x}}_R = \underbrace{\bar{T}\bar{A}\bar{T}^{-1}}_{\bar{A}_R}\vec{x}_R(t) + \underbrace{\bar{T}\vec{b}}_{\vec{b}_R}u(t) \tag{3.7a}$$

$$y(t) = \underbrace{\vec{c}^T\bar{T}^{-1}}_{\vec{c}_R^T}\vec{x}_R(t) + du(t), \quad \text{falls } d \neq 0 \text{ ist.} \tag{3.7b}$$

Die Transformationsmatrix $\bar{T}$ basiert auf der Steuerbarkeitsmatrix. Für Eingrößensysteme
hat sie den Zuschnitt:

$$\bar{Q}_S = \begin{bmatrix} \vec{b} & \bar{A}\vec{b} & \bar{A}^2\vec{b} & \cdots & \bar{A}^{n-1}\vec{b} \end{bmatrix} \tag{3.8}$$

Die Inverse dieser Steuerbarkeitsmatrix sei

$$\bar{Q}_S^{-1} = \begin{bmatrix} \vec{e}_1^T \\ \vec{e}_2^T \\ \vec{e}_3^T \\ \vdots \\ \vec{e}_n^T \end{bmatrix} = \begin{bmatrix} \vec{b} & \bar{A}\vec{b} & \bar{A}^2\vec{b} & \cdots & \bar{A}^{n-1}\vec{b} \end{bmatrix}^{-1} \tag{3.9}$$

mit den Zeilenvektoren $\vec{e}_i^T$ ($i = 1, 2, \ldots, n$). Unter Verwendung der letzten Zeile $\vec{e}_n^T$ von $\bar{Q}_S^{-1}$ wird die Transformationsmatrix $\bar{T}$ aufgebaut:

$$\bar{T} = \begin{bmatrix} \vec{e}_n^T \\ \vec{e}_n^T \bar{A} \\ \vec{e}_n^T \bar{A}^2 \\ \vdots \\ \vec{e}_n^T \bar{A}^{n-1} \end{bmatrix} \tag{3.10}$$

Mit bekannter Transformationsmatrix $\bar{T}$ und ihrer Inversen $\bar{T}^{-1}$ lassen sich die erforderlichen Gleichungen für die Transformation zusammenstellen.

$$\begin{aligned} \vec{x}_R(t) &= \bar{T}\vec{x}(t) \\ \bar{A}_R &= \bar{T}\bar{A}\bar{T}^{-1} \\ \vec{b}_R &= \bar{T}\vec{b} \\ (\vec{c}_R)^T &= \vec{c}^T\bar{T}^{-1} \\ d_R &= d \end{aligned} \tag{3.11}$$

Beispiel 3.3

Die folgenden Zustandsgleichungen sollen in die Regelungsnormalform überführt werden. Im ersten Schritt wird die Steuerbarkeitsmatrix aufgestellt und ihre Inverse berechnet:

$$\dot{\vec{x}} = \begin{bmatrix} -1 & 1 \\ 0 & -1 \end{bmatrix} \vec{x}(t) + \begin{bmatrix} 0 \\ 1 \end{bmatrix} u(t)$$

$$y(t) = \begin{bmatrix} 0 & 1 \end{bmatrix} \vec{x}(t)$$

$$(3.8) \Rightarrow \bar{Q}_S = \begin{bmatrix} \vec{b} & \vec{A}\vec{b} \end{bmatrix} = \begin{bmatrix} 0 & 1 \\ 1 & -1 \end{bmatrix} \Rightarrow \bar{Q}_S^{-1} = \begin{bmatrix} 0 & 1 \\ 1 & -1 \end{bmatrix}^{-1} = \begin{bmatrix} 1 & 1 \\ 1 & 0 \end{bmatrix} = \begin{bmatrix} \vec{e}_1^T \\ \vec{e}_2^T \end{bmatrix}$$

Die $\vec{e}_i^T$ ($i = 1, 2$) sind die Zeilen in der inversen Steuerbarkeitsmatrix. Mithilfe der letzten Zeile $\vec{e}_2^T$ wird die Transformationsmatrix aufgebaut:

$$(3.10) \Rightarrow \bar{T} = \begin{bmatrix} \vec{e}_2^T \\ \vec{e}_2^T \bar{A} \end{bmatrix} = \begin{bmatrix} 1 & 0 \\ -1 & 1 \end{bmatrix} \quad \Rightarrow \quad \bar{T}^{-1} = \begin{bmatrix} 1 & 0 \\ 1 & 1 \end{bmatrix}$$

Da jetzt die Transformationsmatrix und ihre Inverse bekannt sind, kann die Transformation in die Regelungsnormalform durchgeführt werden. Aus (3.11) ergeben sich:

$$\bar{A}_R = \bar{T}\bar{A}\bar{T}^{-1} = \begin{bmatrix} 1 & 0 \\ -1 & 1 \end{bmatrix}\begin{bmatrix} -1 & 1 \\ 0 & -1 \end{bmatrix}\begin{bmatrix} 1 & 0 \\ 1 & 1 \end{bmatrix} = \begin{bmatrix} 0 & 1 \\ -1 & -2 \end{bmatrix}$$

$$\vec{b}_R = \bar{T}\vec{b} = \begin{bmatrix} 1 & 0 \\ -1 & 1 \end{bmatrix}\begin{bmatrix} 0 \\ 1 \end{bmatrix} = \begin{bmatrix} 0 \\ 1 \end{bmatrix}$$

$$\vec{c}_R^T = \vec{c}^T\bar{T}^{-1} = \begin{bmatrix} 1 & 1 \end{bmatrix}\begin{bmatrix} 1 & 0 \\ 1 & 1 \end{bmatrix} = \begin{bmatrix} 2 & 1 \end{bmatrix}$$

$$\vec{x}_R(t) = \bar{T}\vec{x}(t) = \begin{bmatrix} 1 & 0 \\ -1 & 1 \end{bmatrix}\vec{x}(t)$$

Die Systemmatrix $\bar{A}_R$ weist eine Frobeniusstruktur auf, deshalb liegt eine Regelungsnormalform der Zustandsgleichungen vor. Die Differenzialgleichung des Übertragungssystems lässt sich hieraus besonders einfach ablesen:

$$\ddot{y} + 2\dot{y} + y(t) = u(t) \quad \text{mit den Anfangsbedingungen} \quad y(0) = 0, \dot{y}(0) = 0$$

■

3.4   Steuerbarkeit und Beobachtbarkeit einer Übertragungskette

Die Steuerbarkeit und Beobachtbarkeit einer Übertragungskette hängen von ihren Parametern ab. Der triviale Fall, dass diese null sind, sei bei dieser Untersuchung ausgeschlossen. Stellvertretend betrachten wir die Regelstrecke aus der Abb. 2.11 und übernehmen die dort hergeleiteten Zustandsgleichungen:

$$\vec{\dot{x}} = \begin{bmatrix} \dot{x}_1 \\ \dot{x}_2 \end{bmatrix} = \begin{bmatrix} -\dfrac{1}{T_{1b}} & -\dfrac{1}{T_{1a}T_{1b}} \\ 0 & -\dfrac{1}{T_{1a}} \end{bmatrix}\vec{x}(t) + \begin{bmatrix} \dfrac{1}{T_{1a}T_{1b}} \\ \dfrac{1}{T_{1a}} \end{bmatrix} Ku(t) \quad \text{und} \quad y(t) = x_1(t)$$

$$(3.12)$$

a) **Prüfung auf vollständige Ausgangssteuerbarkeit**

$(3.2) \Rightarrow \text{Rang}\begin{bmatrix} \vec{c}^T\vec{b} & \vec{c}^T\bar{A}\vec{b} \end{bmatrix} = m = 1?$

Ist der Rang von $\begin{bmatrix} \dfrac{K}{T_{1a}T_{1b}} & -\dfrac{K}{T_{1a}T_{1b}^2} - \dfrac{K}{T_{1a}^2 T_{1b}} \end{bmatrix} = 1?$

Für die Determinante gilt: $D_1 = \frac{K}{T_{1a}T_{1b}} \neq 0$, deshalb ist der Rang $m = 1$.

Auch $D_1{}^* = -\frac{K}{T_{1a}T_{1b}{}^2} - \frac{K}{T_{1a}{}^2T_{1b}}$ ist unter der Bedingung $T_{1a} \neq -T_{1b}$ ungleich null. So entspricht der Rang mit $m = 1$ der Dimension der Ausgangsgröße $y(t)$. Das System ist vollständig ausgangssteuerbar.

b) Prüfung auf vollständige Beobachtbarkeit

$$(3.3) \Rightarrow \text{Rang}\begin{bmatrix} \vec{c} & (\vec{c}^T \bar{A})^T \end{bmatrix} = n = 2?$$

Gilt für den Rang $\begin{bmatrix} \vec{c} & \bar{A}^T \vec{c} \end{bmatrix} = n = 2?$

$$\text{Rang}\begin{bmatrix} 1 & -\dfrac{1}{T_{1b}} \\ 0 & -\dfrac{1}{T_{1a}T_b} \end{bmatrix} = n = 2?$$

Mit $T_{1a} > 0$ und $T_{1b} > 0$ ist $D_2 = -\frac{1}{T_{1a}T_{1b}} \neq 0$. Deshalb ist der Rang n der Matrix gleich 2.

Das System ist auch für $T_{1a}, T_{1b} > 0$ vollständig beobachtbar.

3.5 Übungsaufgaben

Aufgabe 3.1 Das folgende System ist auf Steuerbarkeit und Beobachtbarkeit zu untersuchen.

$$\dot{\vec{x}} = \begin{bmatrix} -2 & 1 & -1 \\ 1 & -1 & -1 \\ 0 & 1 & -3 \end{bmatrix} \vec{x}(t) + \begin{bmatrix} -1 \\ 1 \\ 0 \end{bmatrix} u(t) \tag{3.13}$$

a) Prüfung auf vollständige Zustandssteuerbarkeit

$$(3.1) \Rightarrow \text{Rang}\begin{bmatrix} \vec{b} | \bar{A}\vec{b} | \bar{A}^2\vec{b} \end{bmatrix} = n = 3$$

Die einzelnen Matrizen-Vektorprodukte sind:

$$\bar{A}\vec{b} = \begin{bmatrix} 3 \\ -2 \\ 1 \end{bmatrix} ; \quad \bar{A}^2 = \begin{bmatrix} 5 & -4 & 4 \\ -3 & 1 & 3 \\ 1 & -4 & 8 \end{bmatrix} ; \quad \bar{A}^2\vec{b} = \begin{bmatrix} -9 \\ 4 \\ -5 \end{bmatrix}$$

Das Kriterium ausgewertet:

$$\text{Rang} \begin{bmatrix} -1 & 3 & -9 \\ 1 & -2 & 4 \\ 0 & 1 & -5 \end{bmatrix} = 3, \text{ denn } D_3 = -1 \cdot \begin{vmatrix} 3 & -9 \\ 1 & -5 \end{vmatrix} = 6$$

$\Rightarrow$ vollständig zustandssteuerbar!

b) Prüfung auf vollständige Ausgangssteuerbarkeit

$$(3.2) \Rightarrow \text{Rang} \left[\vec{c}^T \vec{b} | \vec{c}^T \bar{A}\vec{b} | \vec{c}^T \bar{A}^2 \vec{b} \right] = m = 1$$

Aus dem Kriterium folgt:

$$\text{Rang} [0|1| - 5] = 1, \text{ denn } D_1' = 1; D_1'' = -5$$

$\Rightarrow$ vollständig ausgangssteuerbar!

c) Prüfung auf Beobachtbarkeit

$$(3.4) \Rightarrow \text{Rang} \left[\vec{c} | \bar{A}^T \vec{c} | (\bar{A}^T)^2 \vec{c} | \right] = n = 3$$

$$\text{Rang} \begin{bmatrix} 0 & 0 & 1 \\ 0 & 1 & -4 \\ 1 & -3 & 8 \end{bmatrix} = n = 3, \text{ denn } D_3 = 1 \cdot \begin{vmatrix} 0 & 1 \\ 1 & -4 \end{vmatrix} = -1$$

$\Rightarrow$ vollständig beobachtbar!

■

Aufgabe 3.2 Für welche b_1 und b_2 ist das folgende System steuerbar und beobachtbar?

$$\dot{\vec{x}} = \begin{bmatrix} a_{11} & a_{12} \\ 0 & a_{22} \end{bmatrix} \vec{x}(t) + \begin{bmatrix} b_1 \\ b_2 \end{bmatrix} u(t) \tag{3.14}$$

a) Vollständige Zustandssteuerbarkeit

$$\text{Rang} \left[\vec{b} | \bar{A}\vec{b} \right] = n = 2$$

$$\text{Rang} \begin{bmatrix} b_1 & a_{11}b_1 + a_{12}b_2 \\ b_2 & a_{22}b_2 \end{bmatrix} = 2, \text{ wenn } D_2 = b_1 b_2 a_{22} - a_{11} b_1 b_2 - a_{12} b_2^2 \neq 0$$

Für $b_2 \neq 0$ muss gelten: $D_2 = b_1 a_{22} - a_{11} b_1 - a_{12} b_2 \neq 0$

oder $\frac{b_1}{b_2} \neq \frac{a_{12}}{a_{22} - a_{11}}$ mit $b_2 \neq 0$

$\Rightarrow$ vollständig zustandssteuerbar!

b) Vollständige Ausgangssteuerbarkeit

$\text{Rang} \left[\vec{c}^T \vec{b} \,|\, \vec{c}^T \vec{A} \vec{b} \right] = m = 1$

$\text{Rang} \left[b_1 + b_2 \,|\, a_{11} b_1 + (a_{12} + a_{22}) b_2 \right] = 1$, wenn $D_1 = b_1 + b_2 \neq 0$ oder $\frac{b_1}{b_2} \neq -1$ bei $b_2 \neq 0$

$\Rightarrow$ vollständig ausgangssteuerbar!

Oder $D_1^* = a_{11} b_1 + (a_{12} + a_{22}) b_2 \neq 0$

$\Rightarrow \dfrac{b_1}{b_2} \neq -\dfrac{a_{12} + a_{22}}{a_{11}}$ bei $b_2 \neq 0$

$\Rightarrow$ vollständig ausgangssteuerbar!

c) Vollständige Beobachtbarkeit

$\text{Rang} \left[\vec{c} \,|\, \vec{A}^T \vec{c} \right] = n$

$\text{Rang} \begin{bmatrix} 1 & a_{11} \\ 1 & a_{12} + a_{22} \end{bmatrix} = n = 2$, wenn $D_2 = a_{12} + a_{22} - a_{11} \neq 0$

$\Rightarrow$ vollständig beobachtbar!

∎

Aufgabe 3.3 Unter welchen Bedingungen ist das folgende System vollständig ausgangssteuerbar?

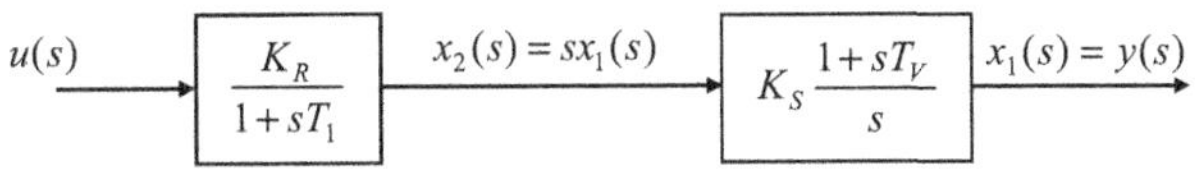

Abb. 3.3 Übertragungssystem: Regler und Strecke
K_R Reglerverstärkung
K_S Streckenverstärkung
T_1 Zeitkonstante
T_V Vorhaltzeit

Die Zustandsgleichungen folgen aus den Übertragungsfunktionen:

$$\dot{x}_2 = -\frac{1}{T_1}x_2(t) + \frac{K_R}{T_1}u(t)$$

$$\dot{x}_1 = K_S\left(1 - \frac{T_V}{T_1}\right)x_2(t) + \frac{K_S K_R T_V}{T_1}u(t) \tag{3.15}$$

Die Gleichungen in Vektor-Matrizenform geschrieben:

$$\vec{x} = \begin{bmatrix} 0 & K_S\left(1 - \dfrac{T_V}{T_1}\right) \\ 0 & -\dfrac{1}{T_1} \end{bmatrix} x(t) + \begin{bmatrix} K_S T_V \\ 1 \end{bmatrix} \frac{K_R}{T_1}u(t) \tag{3.16}$$

Das System ist vollständig ausgangssteuerbar, wenn gilt:

$$\text{Rang}\left[\vec{c}^T\vec{b}\,|\,\vec{c}^T\vec{A}\vec{b}\right] = m = 1$$

Die Bedingung ist erfüllt, wenn für den Rang gilt:

$$\text{Rang}\left[K_R K_S\frac{T_V}{T_1}\,\bigg|\,\frac{K_R K_S}{T_1}\left(1 - \frac{T_V}{T_1}\right)\right] = 1,$$

$$\text{mit}\quad K_R K_S\frac{T_V}{T_1} > 0 \quad \text{oder} \quad \frac{K_R K_S}{T_1} > 0 \quad \text{und} \quad 1 - \frac{T_V}{T_1} > 0$$

∎

Aufgabe 3.4 Das folgende Übertragungssystem ist auf Ausgangssteuerbarkeit und Beobachtbarkeit zu überprüfen.

Aus den einzelnen Übertragungsfunktionen lassen sich die Zustandsgleichungen entwickeln:

$$\dot{x}_1 = -x_1(t) - \frac{1}{3}x_2(t) + \frac{K_P}{3}u(t)$$

$$\dot{x}_2 = \qquad\quad -\frac{1}{3}x_2(t) + \frac{K_P}{3}u(t) \tag{3.17}$$

$$y(t) = x_1(t)$$

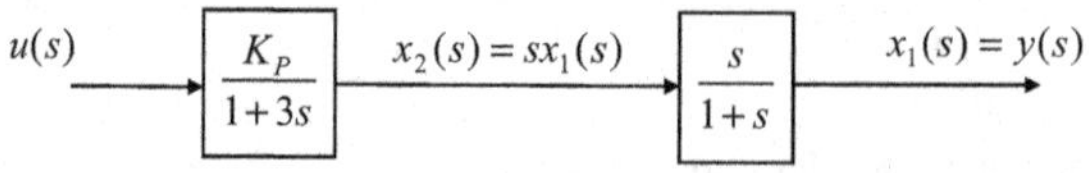

Abb. 3.4 Serienschaltung eines realen P-Gliedes und eines realen D-Gliedes
K_P Reglerproportionalitätsfaktor

a) Vollständig ausgangssteuerbar?

$\text{Rang}\left[\vec{c}^T\vec{b}\,|\,\vec{c}^T\vec{A}\vec{b}\right] = m = 1$

$\text{Rang}\left[\frac{1}{3}K_P\,|\,-\frac{4}{9}K_P\right] = 1$, wenn $D_1 = \frac{1}{3}K_P \neq 0$

$\Rightarrow$ für $K_P > 0$ vollständig ausgangssteuerbar!

b) Vollständig beobachtbar?

$\text{Rang}\left[\vec{c}\,|\,\vec{A}^T\vec{c}\right] = n = 2$

$\text{Rang}\begin{bmatrix} 1 & 1 \\ 0 & -\frac{1}{3} \end{bmatrix} = 2$, da $D_2 = -\frac{1}{3}$

$\Rightarrow$ vollständig beobachtbar!

∎

Aufgabe 3.5 Das System (Abb. 3.5) soll auf Steuerbarkeit und Beobachtbarkeit untersucht werden:

$$\dot{x}_1 = -x_1(t) + \alpha_1 u(t)$$
$$\dot{x}_2 = -x_2(t) + \alpha_2 u(t)$$
$$y(t) = \alpha_3 x_1(t) \tag{3.18}$$

Die Zustandsbeschreibung ist für dieses System:

$$\dot{\vec{x}} = \begin{bmatrix} -1 & 0 \\ 0 & -1 \end{bmatrix}\vec{x}(t) + \begin{bmatrix} \alpha_1 \\ \alpha_2 \end{bmatrix}u(t) \quad \text{und} \quad y(t) = \alpha_3 x_1(t)$$

$(3.1) \Rightarrow \text{Rang}\left[\vec{b}\,|\,\vec{A}\vec{b}\right] = \text{Rang}\begin{bmatrix} \alpha_1 & -\alpha_1 \\ \alpha_2 & -\alpha_2 \end{bmatrix} = 1 \neq 2$, nicht zustandssteuerbar!

$(3.2) \Rightarrow \text{Rang}\left[\vec{c}^T\vec{b}\,|\,\vec{c}^T\vec{A}\vec{b}\right] = \text{Rang}\begin{bmatrix} \alpha_1\alpha_3 & -\alpha_1\alpha_3 \end{bmatrix} = 1$, vollständig ausgangssteuerbar, wenn $\alpha_1\alpha_3 \neq 0$

$(3.4) \Rightarrow \text{Rang}\left[\vec{c}\,|\,\vec{A}^T\vec{c}\right] = \text{Rang}\begin{bmatrix} \alpha_3 & -\alpha_3 \\ 0 & 0 \end{bmatrix} = 1 \neq 2$, nicht beobachtbar!

Das System ist nicht zustandssteuerbar, da die Zustandsgrößen $x_1(t)$ und $x_2(t)$ nicht voneinander unabhängig ansteuerbar sind. Es ist aber vollkommen ausgangssteuerbar, sofern

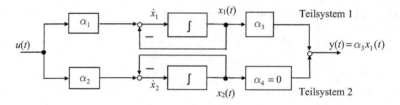

Abb. 3.5 System zweiter Ordnung, aufgebaut aus zwei Systemen erster Ordnung

$\alpha_1\alpha_3 \neq 0$ gilt. Teilsystem 1 ist unter der Bedingung $\alpha_1 \neq 0$ zustandssteuerbar. Das Teil-system 2 ist vollständig ausgangssteuerbar, wenn $\alpha_2\alpha_4 \neq 0$ zutrifft. In diesem Falle ist der Rang$[\alpha_2\alpha_4 \quad - \alpha_2\alpha_4] = 1$. Da im Ausgangsvektor $\vec{c}^T$ der Koeffizient $\alpha_4 = 0$ angenom-men wird, ist das Teilsystem 2 auch nicht beobachtbar.

∎

Aufgabe 3.6 Die Zustandsgleichungen

$$\dot{\vec{x}} = \begin{bmatrix} 1 & -1 \\ 1 & 1 \end{bmatrix} \vec{x}(t) + \begin{bmatrix} 1 \\ 0 \end{bmatrix} u(t)$$

$$y(t) = \begin{bmatrix} 1 & 0 \end{bmatrix} \vec{x}(t) \tag{3.19}$$

sollen in die Regelungsnormalform überführt werden. Zunächst wird die Steuerbarkeits-matrix aufgestellt und ihre Inverse berechnet:

$$(3.8) \Rightarrow \bar{Q}_S = \begin{bmatrix} \vec{b} & \bar{A}\vec{b} \end{bmatrix} = \begin{bmatrix} 1 & 1 \\ 0 & 1 \end{bmatrix}$$

$$(3.9) \Rightarrow \bar{Q}_S^{-1} = \begin{bmatrix} 1 & 1 \\ 0 & 1 \end{bmatrix}^{-1} = \begin{bmatrix} 1 & -1 \\ 0 & 1 \end{bmatrix} = \begin{bmatrix} \vec{e}_1^T \\ \vec{e}_2^T \end{bmatrix}$$

Aufbau der Transformationsmatrix und ihrer Inversen:

$$(3.10) \Rightarrow \bar{T} = \begin{bmatrix} \vec{e}_2^T \\ \vec{e}_2^T \bar{A} \end{bmatrix} = \begin{bmatrix} 0 & 1 \\ 1 & 1 \end{bmatrix}$$

$$\bar{T}^{-1} = \begin{bmatrix} -1 & 1 \\ 1 & 0 \end{bmatrix}$$

Mittels der Transformationsmatrix und ihrer Inversen lassen sich die Ausdrücke der Zustandsgleichungen aus (3.11) berechnen:

$$\vec{x}_R(t) = \bar{T}\vec{x}(t) = \begin{bmatrix} 0 & 1 \\ 1 & 1 \end{bmatrix} \vec{x}(t) = \begin{bmatrix} x_2(t) \\ x_1(t) + x_2(t) \end{bmatrix}$$

$$\vec{b}_R = \bar{T}\vec{b} = \begin{bmatrix} 0 & 1 \\ 1 & 1 \end{bmatrix} \begin{bmatrix} 1 \\ 0 \end{bmatrix} = \begin{bmatrix} 0 \\ 1 \end{bmatrix}$$

$$\vec{c}_R^T = \vec{c}^T \bar{T}^{-1} = \begin{bmatrix} 0 & 1 \end{bmatrix} \begin{bmatrix} -1 & 1 \\ 1 & 0 \end{bmatrix} = \begin{bmatrix} 1 & 0 \end{bmatrix}$$

$$\bar{A}_R = \bar{T}\bar{A}\bar{T}^{-1} = \begin{bmatrix} 0 & 1 \\ 1 & 1 \end{bmatrix} \begin{bmatrix} 1 & -1 \\ 1 & 1 \end{bmatrix} \begin{bmatrix} -1 & 1 \\ 1 & 0 \end{bmatrix} = \begin{bmatrix} 0 & 1 \\ -2 & 2 \end{bmatrix}$$

Die Zustandsgleichungen in Regelungsnormalform haben jetzt die neue Gestalt:

$$\dot{\vec{x}}_R = \begin{bmatrix} 0 & 1 \\ -2 & 2 \end{bmatrix} \vec{x}_R(t) + \begin{bmatrix} 0 \\ 1 \end{bmatrix} u(t)$$

$$y_R(t) = \begin{bmatrix} 1 & 0 \end{bmatrix} \vec{x}_R(t)$$

Aus der Systemmatrix kann die Differenzialgleichung des Übertragungssystems unmittelbar abgelesen werden, was aus der Aufgabenstellung so nicht direkt möglich ist:

$$\ddot{y} - 2\dot{y} + 2y(t) = u(t) \tag{3.20}$$

Aus der zerlegten Aufgabenstellung folgt das Gleichungssystem:

$$\dot{x}_1 = x_1(t) - x_2(t) + u(t)$$
$$\dot{x}_2 = x_1(t) + x_2(t)$$

Durch Differenzieren der zweiten Gleichung und Einsetzen in die erste ergibt sich eine äquivalente Form zur Differenzialgleichung 3.20.

$$\ddot{x}_2 - 2\dot{x}_2 + 2x_2(t) = u(t) \tag{3.21}$$

■

Aufgabe 3.7 Ein Übertragungssystem aus P-T_1-Regler und einer Strecke zweiter Ordnung soll auf Steuerbarkeit und Beobachtbarkeit überprüft werden.

Die Dämpfungszahl der Strecke ist $D = 1,06 > 1$. Deshalb lässt sich der Nenner des Bruchs in zwei Linearfaktoren zerlegen: $2 + 3s + s^2 = (1 + s)(2 + s)$. Zunächst wird die Übertragungskette in eine aufgeschlüsselte Form überführt.

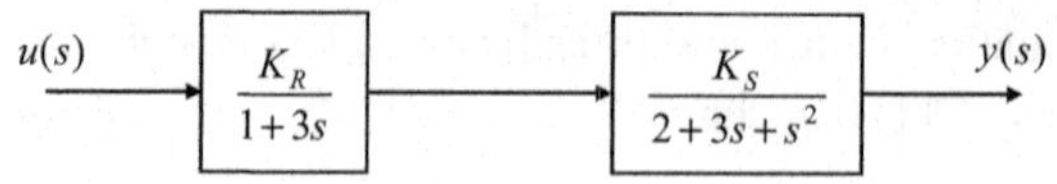
u(s)
K_R / 1+3s
K_S / 2+3s+s^2
y(s)

Abb. 3.6 Übertragungssystem mit Strecke zweiter Ordnung
K_R Reglerverstärkung
K_S Streckenverstärkung

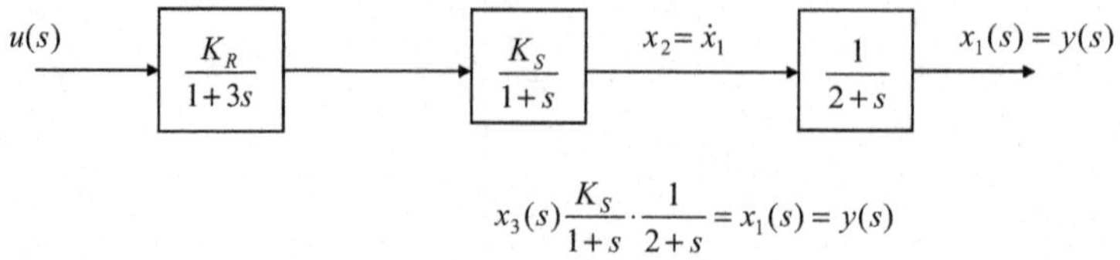
u(s)
K_R / 1+3s
K_S / 1+s
x_2 = ẋ_1
1 / 2+s
x_1(s) = y(s)
x_3(s) K_S/(1+s) · 1/(2+s) = x_1(s) = y(s)

Abb. 3.7 Die Übertragungskette: Das PT_2-Glied wird durch zwei PT_1-Glieder ersetzt
K_R, K_S Verstärkungsfaktoren

Aus dem Abb. 3.7 lassen sich die Gleichungen entnehmen:

$$\begin{aligned}
\dot{x}_1 &= -2x_1(t) + x_2(t) \\
\dot{x}_2 &= \qquad\quad - x_2(t) + K_S x_3(t) \\
\dot{x}_3 &= \qquad\qquad\qquad -\frac{1}{3}x_3(t) + \frac{K_R}{3}u(t)
\end{aligned} \tag{3.22}$$

Hieraus folgen die Zustandsgleichungen:

$$\dot{\vec{x}} = \begin{bmatrix} -2 & 1 & 0 \\ 0 & -1 & K_S \\ 0 & 0 & -\frac{1}{3} \end{bmatrix} \vec{x}(t) + \begin{bmatrix} 0 \\ 0 \\ \frac{K_R}{3} \end{bmatrix} u(t)$$

$$y(t) = \begin{bmatrix} 1 & 0 & 0 \end{bmatrix} \vec{x}(t) = x_1(t)$$

$$(3.1) \Rightarrow \text{Rang}\begin{bmatrix} \vec{b} & \vec{A}\vec{b} & \vec{A}^2\vec{b} \end{bmatrix} = \text{Rang}\begin{bmatrix} 0 & 0 & \frac{K_S K_R}{3} \\ 0 & \frac{K_R K_S}{3} & 0 \\ \frac{K_R}{3} & -\frac{K_R}{9} & -\frac{K_R}{27} \end{bmatrix} = 3,$$

wenn $D = -\frac{1}{27}K_R^3 K_S^2 \neq 0$

$\Rightarrow$ zustandsteuerbar für $K_R K_S > 0$

$$(3.2) \Rightarrow \mathrm{Rang} \begin{bmatrix} \vec{c}^T \vec{b} & \vec{c}^T \bar{A} \vec{b} & \vec{c}^T \bar{A}^2 \vec{b} \end{bmatrix} = \mathrm{Rang} \begin{bmatrix} 0 & 0 & \frac{1}{3} K_R K_S \end{bmatrix} = 1,$$

wenn $D = \frac{1}{3} K_R K_S \neq 0$

$\Rightarrow$ ausgangssteuerbar für $K_R K_S > 0$

$$(3.4) \Rightarrow \mathrm{Rang} \begin{bmatrix} \vec{c} & \bar{A}^T \vec{c} & (\bar{A}^T)^2 \vec{c} \end{bmatrix} = \mathrm{Rang} \begin{bmatrix} \dfrac{K_R}{3} & -\dfrac{2}{3} K_R & \dfrac{4}{3} K_R \\[2mm] 0 & -\dfrac{1}{3} K_R K_S & K_R \\[2mm] 0 & 0 & -\dfrac{1}{3} K_R K_S^2 \end{bmatrix} = 3,$$

wenn $D = \frac{1}{27} (K_R K_S)^3 \neq 0 \Rightarrow$ beobachtbar für $K_R K_S > 0$

■

3.6 Zusammenfassung

Steuerbarkeit und **Beobachtbarkeit** sind Forderungen an dynamische Systeme, die erfüllt sein müssen, da sonst der Aufbau einer Regelung nicht möglich ist. Um nachzuprüfen, ob das System diese Eigenschaften besitzt, hat *Kalman* [2] Kriterien aufgestellt, anhand derer eine Überprüfung durchgeführt werden kann. Im Wesentlichen sind die zusammengestellten Kriterien Matrizen, deren Rang an bestimmte Forderungen geknüpft werden. Die Elemente der zusammengestellten Matrizen sind die Systemmatrix, die Eingangsmatrix die Ausgangsmatrix $\bar{C}$ und die Durchgangsmatrix $\bar{D}$, sofern vorhanden.

Bei der Prüfung eines dynamischen Systems auf Steuerbarkeit unterscheidet man zwischen **Zustandssteuerbarkeit** und **Ausgangssteuerbarkeit**. Im ersten Fall wird die Steuerbarkeit der Zustandsgrößen überprüft, im anschließenden die Steuerbarkeit der Ausgangsgröße, die in der Praxis meistens als Aufgabenstellung vorliegt. Die Prüfung auf **vollständige Zustandssteuerbarkeit** erfolgt über die **Steuerbarkeitsmatrix**, deren Rang gleich n, der Dimension des Zustandsvektors sein muss (vgl. Abschn. 3.1). Ist die Zustandssteuerbarkeit nicht vollständig, so bedeutet dies, dass der Endzustand des Zustandsvektors nicht von jedem Anfangszustand aus erreicht werden kann. Der Aufbau der Matrix erfolgt mit den Teilmatrizen Eingangsmatrix $\bar{B}$ und Systemmatrix $\bar{A}$. Für das Kriterium auf Prüfung der **vollständigen Ausgangssteuerbarkeit** (vgl. Abschn. 3.2) wird beim Aufbau der zu prüfenden Matrix noch die Ausgangsmatrix hinzukommen. Der Rang dieser Matrix muss der Dimension des Ausgangsvektors entsprechen. Wenn ein Eingrößensystem vorliegt, ist $m = 1$. Die Matrix zur Überprüfung der **vollständigen Beobachtbarkeit** ist mit den transponierten Matrizen sowie deren Produkte mit der Systemmatrix $\bar{A}$ aufgebaut. Ihr Rang muss gleich der Dimension der Systemmatrix sein.

Mithilfe der Steuerbarkeitsmatrix lässt sich auch eine **Transformationsmatrix** zusammenstellen. Mit ihr lässt sich ein nicht in Regelungsnormalform vorliegendes Eingrößensystem in die normierte Form überführen (siehe Beispiel 3.2).

In einem anwendungsorientiertem Abschnitt werden die vorgestellten Kriterien auf Regelsysteme angewandt und gezeigt, wie Steuerbarkeit und Beobachtbarkeit von der Wahl der Systemparameter abhängig sind.

Literatur

1. Strohrmann, M., Brunner, U.: Systemtheorie Online, Signale und Systeme (2015). www.eit.hs-karlsruhe.de/zeitkontinuierliche
2. Kalman, R.: On the general theory of control systems. Proc.1st IFAC-Congress, Moskau 1960. Bd. 1. Butterworth, Oldenbourg-Verlag, München London, S. 481–492 (1961)
3. Unbehauen, H.: Regelungstechnik II: Zustandsregelungen, digitale und nicht lineare Regelsysteme, Studium Technik. Vieweg, Wiesbaden (2009)
4. Wollnack, J.: Regelungstechnik II, TUHH (2001)
5. Holzhüter, T.: Zustandsregelung FHHH (2009)

Berechnung von Systemantworten aus der Zustandsbeschreibung

4

Die Berechnung der Antwortfunktion $y(t)$ bei Systemen, deren Ein-/Ausgangsverhalten durch eine Differenzialgleichung definiert ist (2.1), erfolgt durch Lösen der Gleichung im Zeitbereich. Meistens ist es aber bequemer, die Differenzialgleich in den Bildbereich zu transformieren und hier die Lösung zu suchen. Dieses Verfahren kann auch bei Systemen angewandt werden, deren Übertragungsverhalten durch Zustandsgleichungen beschrieben wird. Grundidee ist dabei die Einführung einer **Matrizen-Exponentialfunktion**, eine Funktion, deren Exponent eine Matrix ist.

4.1 Lösungsweg im Zeitbereich

Die zu lösenden Zustandsgleichungen für lineare Mehrgrößensysteme entsprechend (2.18) mit konstanter Systemmatrix $\bar{A}$ und konstanter Eingangsmatrix $\bar{B}$ seien im Zeitbereich gegeben:

$$\dot{\vec{x}} = \bar{A}\vec{x}(t) + \bar{B}\vec{u}(t) \quad \text{mit Anfangswerten} \quad \vec{x}(t_0) = \vec{x}_0$$
$$\vec{y}(t) = \bar{C}\vec{x}(t)$$

Zunächst muss das System der Zustandsgleichungen so umgeformt werden, dass diese integrierbar werden. Ein zweckmäßiger Weg ist die Multiplikation der Zustandsgleichungen mit der Matrix-Funktion $e^{-\bar{A}t}$:

$$e^{-\bar{A}t}\dot{\vec{x}} - e^{-\bar{A}t}\bar{A}\vec{x}(t) = e^{-\bar{A}t}\bar{B}\vec{u}(t) \tag{4.1}$$

Die linke Seite ist aber nach der Produktregel gerade die Ableitung der Matrix-Funktion:

$$\frac{d}{dt}\left[e^{-\bar{A}t}\vec{x}(t)\right] = -\bar{A}e^{-\bar{A}t}\vec{x}(t) + e^{-\bar{A}t}\dot{\vec{x}} = e^{-\bar{A}t}\bar{B}\vec{u}(t) \tag{4.2}$$

© Springer Fachmedien Wiesbaden GmbH, ein Teil von Springer Nature 2019
H. Walter, *Zustandsregelung*, https://doi.org/10.1007/978-3-658-21075-5_4

Das Ergebnis lässt sich nachprüfen, indem die e-Funktion in eine Reihe entwickelt und diese differenziert wird:

$$e^{-\bar{A}t} = \bar{E} - \bar{A}\frac{t}{1!} + \bar{A}^2\frac{t^2}{2!} - \bar{A}^3\frac{t^3}{3!} + - \cdots \tag{4.3}$$

$$\frac{d}{dt}e^{-\bar{A}t} = \bar{0} - \bar{A}\frac{1}{1!} + \bar{A}^2\frac{2t}{2!} - \bar{A}^3\frac{3t^2}{3!} + - \cdots \tag{4.4}$$

$$\frac{d}{dt}e^{-\bar{A}t} = -\bar{A}\underbrace{\left[\bar{E} - \bar{A}\frac{t}{1!} + \bar{A}^2\frac{t^2}{2!} - + - \cdots\right]}_{e^{-\bar{A}t}} = -\bar{A}e^{-\bar{A}t} = -e^{-\bar{A}t}\bar{A} \tag{4.5}$$

Das System von Differenzialgleichungen kann jetzt auf beiden Seiten integriert werden, sofern die Matrix-Funktion $e^{-\bar{A}t}$ bekannt ist: Integrationsbereich ist $t_0 \leq \tau \leq t$. Als Integrationsvariable benutzen wir das Zeichen τ.

$$\int_{t_0}^{t} \frac{d}{d\tau}\left[e^{-\bar{A}\tau}\vec{x}(\tau)\right]d\tau = \int_{t_0}^{t} e^{-\bar{A}\tau}\bar{B}\vec{u}(\tau)\,d\tau \tag{4.6}$$

Die Integration liefert:

$$\left[e^{-\bar{A}\tau}\vec{x}(\tau)\right]_{t_0}^{t} = \int_{t_0}^{t} e^{-\bar{A}\tau}\bar{B}\vec{u}(\tau)\,d\tau \tag{4.7}$$

Mit den Integrationsgrenzen im linken Term wird:

$$e^{-\bar{A}t}\vec{x}(t) - e^{-\bar{A}t_0}\vec{x}(t_0) = \int_{t_0}^{t} e^{-\bar{A}\tau}\bar{B}\vec{u}(\tau)\,d\tau \tag{4.8}$$

Um den Zustandsvektor zu separieren, wird die Gleichung mit der Matrix-Funktion $e^{\bar{A}t}$ multipliziert und mit den vorhandenen e-Funktionen verknüpft:

$$\vec{x}(t) = e^{\bar{A}(t-t_0)}\vec{x}(t_0) + \int_{t_0}^{t} e^{\bar{A}(t-\tau)}\bar{B}\vec{u}(\tau)d\tau = \vec{x}_h(t) + \vec{x}_p(t) \tag{4.9}$$

In beiden Lösungsanteilen obiger Gl. 4.9 tritt die Matrix-Funktion $e^{\bar{A}t}$ auf und erhält die Bezeichnung $\varphi(t)$ (4.10). Man nennt sie **Transitionsmatrix, Übergangsmatrix** oder auch **Fundamentalmatrix** und setzt:

$$e^{\bar{A}t} = \varphi(t) \tag{4.10}$$

Die homogene Lösung $\vec{x}_h(t)$ der Zustandsgleichung repräsentiert die Eigenbewegungen des Systems:

$$\vec{x}_h(t) = \varphi\,(t - t_0)\,\vec{x}\,(t_0) \tag{4.11}$$

Die partikuläre Lösung der Differenzialgleichung $\vec{x}_p(t)$ betrifft den Lösungsanteil in $\vec{x}(t)$, der durch die äußere Erregung verursacht wird:

$$\vec{x}_p(t) = \int_{t_0}^{t} \varphi\,(t - \tau)\,\bar{B}\vec{u}\,(\tau)\,d\tau \tag{4.12}$$

Die Gesamtlösung der Zustandsgleichung setzt sich zusammen aus der homogenen Lösung $\vec{x}_h(t)$ und der partikulären Lösung $\vec{x}_p(t)$. Durch diese Gleichung wird der Systemzustand $\vec{x}(t)$ für $t \geq t_0$ und bekanntem Eingangsvektor $\vec{u}(t)$ ab den Anfangswerten $\vec{x}(t_0)$ eindeutig bestimmt. Werden die Lösungsanteile in die Ausgangsgleichung eingesetzt, können die Komponenten des Ausgangsvektors berechnet werden:

$$\vec{y}(t) = \bar{C}e^{\bar{A}(t-t_0)}\vec{x}(t_0) + \bar{C}\int_{t_0}^{t} e^{\bar{A}(t-\tau)}\bar{B}\vec{u}(\tau)d\tau \tag{4.13}$$

Eine ergänzende Schreibweise dieser Gleichung benutzt die Fundamentalmatrix:

$$\vec{y}(t) = \bar{C}\varphi(t - t_0)\vec{x}(t_0) + \bar{C}\int_{t_0}^{t} \varphi(t - \tau)\bar{B}\vec{u}(\tau)d\tau \tag{4.14}$$

4.2 Berechnung der Matrix-Funktion

Die Berechnung der Matrix-Funktion stützt sich auf die Systemmatrix. Wir wählen das folgende System:

$$\text{Es sei:} \quad \bar{A} = \begin{bmatrix} a_{11} & a_{12} \\ a_{21} & a_{22} \end{bmatrix} = \begin{bmatrix} -1 & 0 \\ 1 & -1 \end{bmatrix}.$$

Zu berechnen ist die Matrix-Funktion $e^{\bar{A}t}$. Der Weg führt über die Reihenentwicklung der e-Funktion:

$$e^{\bar{A}t} = \bar{E} + \bar{A}\frac{t}{1!} + \bar{A}^2\frac{t^2}{2!} + \bar{A}^3\frac{t^3}{3!} + \cdots |t| < \infty \tag{4.15}$$

In der weiteren Rechnung werden die Produkte der Systemmatrix benötigt:

$$\bar{A}^2 = \begin{bmatrix} -1 & 0 \\ 1 & -1 \end{bmatrix}^2 = \begin{bmatrix} 1 & 0 \\ -2 & 1 \end{bmatrix} \tag{4.16}$$

$$\bar{A}^3 = \begin{bmatrix} 1 & 0 \\ -2 & 1 \end{bmatrix} \begin{bmatrix} -1 & 0 \\ 1 & -1 \end{bmatrix} = \begin{bmatrix} -1 & 0 \\ 3 & -1 \end{bmatrix} \tag{4.17}$$

$$\vdots$$

$$\bar{A}^{n+1} = \bar{A}^n \bar{A} \quad \text{für} \quad n = 1, 2, 3, \cdots \tag{4.18}$$

Eine weitere Möglichkeit, die Potenz einer Matrix ohne fortlaufende Multiplikationen unmittelbar zu berechnen, bietet das **charakteristische Polynom** der Systemmatrix:

$$\begin{aligned} \left| s\bar{E} - \bar{A} \right| &= \left| \begin{bmatrix} s & 0 \\ 0 & s \end{bmatrix} - \begin{bmatrix} -1 & 0 \\ 1 & -1 \end{bmatrix} \right| \\ &= \left| \begin{bmatrix} s+1 & 0 \\ -1 & s+1 \end{bmatrix} \right| \\ &= (s+1)^2 = 0 \end{aligned} \tag{4.19}$$

Nach dem Satz von **Cayley-Hamilton**, *Gantmacher* [1], *Unbehauen* [2] sowie [3] gilt dann, wenn s durch $\bar{A}$ ersetzt wird:

$$\left(\bar{A} + \bar{E} \right)^2 = \bar{0}$$
$$\Rightarrow \bar{A}^2 + 2\bar{A}\,\bar{E} + \bar{E}^2 = \bar{0} \tag{4.20}$$

Multipliziert man die Gleichung mit der inversen Matrix $\bar{A}^{-1}$, wird die Matrizengleichung:

$$\bar{A} + 2\bar{E} + \bar{A}^{-1} = \bar{0} \tag{4.21}$$

Die Gleichung wird nach der gesuchten inversen Matrix $\bar{A}^{-1}$ umgestellt. Damit bekommt man eine Möglichkeit, die Inverse zu berechnen, ohne fortlaufende Matrizenprodukte bilden zu müssen:

$$\bar{A}^{-1} = -\bar{A} - 2\bar{E} \tag{4.22}$$

Beispiel 4.1

Die inverse Matrix $\bar{A}^{-1}$ von einer gegebenen Matrix $\bar{A}$ sei gesucht. Nach (4.22) ist:

$$\bar{A}^{-1} = -\begin{bmatrix} -1 & 0 \\ 1 & -1 \end{bmatrix} - 2\begin{bmatrix} 1 & 0 \\ 0 & 1 \end{bmatrix} = -\begin{bmatrix} 1 & 0 \\ 1 & 1 \end{bmatrix}$$

■

Beispiel 4.2

Für die gewählte Systemmatrix werden nach diesem Verfahren die Potenzen $\bar{A}^2$ und $\bar{A}^3$ berechnet:

$$(4.20) \Rightarrow \bar{A}^2 = -\bar{E} - 2\bar{A}$$

$$= -\begin{bmatrix} 1 & 0 \\ 0 & 1 \end{bmatrix} - 2\begin{bmatrix} -1 & 0 \\ 1 & -1 \end{bmatrix} = \begin{bmatrix} 1 & 0 \\ -2 & 1 \end{bmatrix}$$

Um $\bar{A}^3$ auszurechnen, wird (4.20) mit $\bar{A}$ multipliziert, umgestellt und obiges Ergebnis verwendet:

$$\bar{A}^3 + 2\bar{A}^2 + \bar{E}\,\bar{A} = \bar{0}$$

$$\bar{A}^3 = -2\bar{A}^2 - \bar{E}\,\bar{A}$$

$$= 3\bar{A} + 2\bar{E}$$

$$= 3\begin{bmatrix} -1 & 0 \\ 1 & -1 \end{bmatrix} + 2\begin{bmatrix} 1 & 0 \\ 0 & 1 \end{bmatrix} = \begin{bmatrix} -1 & 0 \\ 3 & -1 \end{bmatrix}$$

∎

Werden die Matrizenprodukte in die Reihenentwicklung der Matrix-e-Funktion eingesetzt, ergibt sich wieder eine Matrix, deren Elemente aus Potenzreihen bestehen:

$$e^{\bar{A}t} = e^{\begin{bmatrix} -1 & 0 \\ 1 & -1 \end{bmatrix}t}$$

$$= \begin{bmatrix} 1 & 0 \\ 0 & 1 \end{bmatrix} + \begin{bmatrix} -1 & 0 \\ 1 & -1 \end{bmatrix}\frac{t}{1!} + \begin{bmatrix} 1 & 0 \\ -2 & 1 \end{bmatrix}\frac{t^2}{2!} + \begin{bmatrix} -1 & 0 \\ 3 & -1 \end{bmatrix}\frac{t^3}{3!} + \cdots \qquad (4.23)$$

Die Reihen werden komponentenweise ausgerechnet und als Matrix zusammengestellt:

$$e^{\bar{A}t} = \varphi(t) = \begin{bmatrix} \varphi_{11} & \varphi_{12} \\ \varphi_{21} & \varphi_{22} \end{bmatrix}$$

$$= \begin{bmatrix} 1 - \dfrac{t}{1!} + \dfrac{t^2}{2!} - \dfrac{t^3}{3!} + -\cdots & 0 + 0\dfrac{t}{1!} + 0\dfrac{t^2}{2!} + 0\dfrac{t^3}{3!} + \cdots \\ 0 + \dfrac{t}{1!} - 2\dfrac{t^2}{2!} + 3\dfrac{t^3}{3!} + \cdots & 1 - \dfrac{t}{1!} + \dfrac{t^2}{2!} - \dfrac{t^3}{3!} + \cdots \end{bmatrix} \qquad (4.24)$$

Jetzt werden die Summenformeln der Reihen gebildet:

$$\begin{aligned} \varphi_{11} &= e^{-t} & \varphi_{12} &= 0 \\ \varphi_{21} &= te^{-t} & \varphi_{22} &= e^{-t} \end{aligned} \qquad (4.25a)$$

Das Ergebnis der Berechnung für die gegebene Systemmatrix zusammengestellt:

$$\varphi(t) = \begin{bmatrix} e^{-t} & 0 \\ te^{-t} & e^{-t} \end{bmatrix} \qquad (4.25b)$$

4.2.1 Berechnung der Sprungantwort bei bekannter Fundamentalmatrix

Es sei für die Berechnung der Ausgangsgröße vorgesehen: $\vec{b} = \begin{bmatrix} 0 \\ 1 \end{bmatrix}$, $\vec{x}(0) = \vec{x}_0 = \begin{bmatrix} x_1(0) \\ x_2(0) \end{bmatrix}$, $\vec{c}^T = \begin{bmatrix} 1 & 0 \end{bmatrix}$ und Anfangswert $t_0 = 0$. Als Eingangsgröße wird die Sprungfunktion $u(t) = u_0\sigma(t)$ verwendet:

$$(4.14) \Rightarrow \vec{y}(t) = \bar{C}\varphi(t - t_0)\vec{x}(t_0) + \bar{C}\int_{t_0}^{t} \varphi(t - \tau)\bar{B}\vec{u}(\tau)d\tau$$

$$\vec{y}(t) = \bar{C}\varphi(t)\vec{x}(0) + \bar{C}\int_{t_0}^{t} \varphi(t - \tau)\bar{B}\vec{u}(\tau)d\tau \qquad (4.26)$$

Die einzelnen Vektorprodukte werden berechnet:

$$\varphi(t - \tau)\vec{b} = \begin{bmatrix} \varphi_{11}(t - \tau) & \varphi_{12}(t - \tau) \\ \varphi_{21}(t - \tau) & \varphi_{22}(t - \tau) \end{bmatrix} \begin{bmatrix} 0 \\ 1 \end{bmatrix} = \begin{bmatrix} \varphi_{12}(t - \tau) \\ \varphi_{22}(t - \tau) \end{bmatrix} \qquad (4.27)$$

$$\varphi(t)\vec{x}(0) = \begin{bmatrix} \varphi_{11}(t) & \varphi_{12}(t) \\ \varphi_{21}(t) & \varphi_{22}(t) \end{bmatrix} \begin{bmatrix} x_1(0) \\ x_2(0) \end{bmatrix} = \begin{bmatrix} \varphi_{11}(t)x_1(0) + \varphi_{12}(t)x_2(0) \\ \varphi_{21}(t)x_1(0) + \varphi_{22}(t)x_2(0) \end{bmatrix} \qquad (4.28)$$

Für den Zustandsvektor $\vec{x}(t)$ gilt:

$$\vec{x}(t) = \begin{bmatrix} \varphi_{11}(t)x_1(0) + \varphi_{12}(t)x_2(0) \\ \varphi_{21}(t)x_1(0) + \varphi_{22}(t)x_2(0) \end{bmatrix} + \int_{0}^{t} \begin{bmatrix} \varphi_{12}(t - \tau) \\ \varphi_{22}(t - \tau) \end{bmatrix} u_0\sigma(t)d\tau \qquad (4.29)$$

Die komponentenweise Aufspaltung des Integrals liefert:

$$x_1(t) = u_0 \int_{0}^{t} \varphi_{12}(t - \tau)d\tau + \varphi_{11}(t)x_1(0) + \varphi_{12}x_2(0) \qquad (4.30)$$

$$x_2(t) = u_0 \int_{0}^{t} \varphi_{22}(t - \tau)d\tau + \varphi_{21}(t)x_1(0) + \varphi_{22}x_2(0) \qquad (4.31)$$

Abb. 4.1 Sprungantwort
$y(t) = x_1(t)$
Anfangswerte $x_1(0) = x_2(0) = 1$,
Sprungamplitude $u_0 = 1$

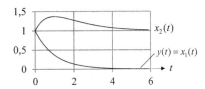

Damit die Integration durchgeführt werden kann, müssen die Teil-Summenformeln in die Integrale eingesetzt werden:

$$x_1(t) = u_0 \int_0^t 0 \, d\tau + e^{-t} x_1(0) + 0 x_2(0) = e^{-t} x_1(0) \qquad (4.32)$$

$$x_2(t) = u_0 \int_0^t e^{-(t-\tau)} d\tau + te^{-t} x_1(0) + e^{-t} x_2(0)$$

$$= u_0 \left[1 - e^{-t} \right] + te^{-t} x_1(0) + e^{-t} x_2(0) \qquad (4.33)$$

Die Ausgangsgröße ist wegen $y(t) = \vec{c}^T \vec{x}(t) = x_1(t)$ und nur vom Anfangswert $x_1(0)$ beeinflusst, da der Integrand $\varphi_{12}(t - \tau) = 0$ ist:

$$x_1(t) = e^{-t} x_1(0) \qquad (4.34)$$

Der Anfangswert der Sprungantwort ist:

$$y(0) = x_1(0) \qquad (4.35)$$

Der stationäre Endwert berechnet sich zu:

$$y(\infty) = \lim_{t \to \infty} y(t) = x_1(0) \lim_{t \to \infty} e^{-t} = 0 \qquad (4.36)$$

Für einen Anfangswert $x_1(0) = 1$ nimmt die Sprungantwort den folgenden Verlauf (Abb. 4.1).

4.2.2 Alternativweg zur Berechnung der Fundamentalmatrix

Im Allgemeinen dürfte man bei der Berechnung der Summenformeln sehr schnell an Grenzen stoßen. Bei umfangreichen und kompliziert aufgebauten Reihen ist es sehr schwierig, eine Gesetzmäßigkeit zu finden. Eine Möglichkeit, die Matrix-e-Funktion direkt zu berechnen, ist der Weg über die Eigenwerte der Systemmatrix. *Unbehauen* [2] gliedert den Lösungsweg in mehrere Schritte:

a) Bilden der charakteristischen Gleichung

$$P^*(s) = |s\bar{E} - \bar{A}| \tag{4.37}$$

$P^*(s)$ ist ein Polynom n-ter Ordnung in s. Die Lösungen sind die Eigenwerte des Systems und können reell oder komplex sein.

b) Berechnen der Matrix-e-Funktion

$$\varphi(t) = e^{\bar{A}t} = \alpha_0(t)\bar{E} + \alpha_1(t)\bar{A} + \cdots + \alpha_{n-1}(t)A^{n-1} \tag{4.38}$$

c) Ermitteln von Koeffizienten $\alpha_j(t)$

$$e^{s_i t} = \alpha_0(t) + \alpha_1(t)s_i + \cdots + \alpha_{n-1}(t)s_i^{n-1} \tag{4.39}$$

Die n Eigenwerte s_i ergeben n Gleichungen zum Berechnen der n unbekannten Koeffizienten $\alpha_j(t)$, sofern alle n Eigenwerte s_i voneinander verschieden sind. Tritt eine Nullstelle s_i mehrfach auf, z. B. q-mal, so können die fehlenden Gleichungen durch Differenziation von (4.39) ergänzt werden:

$$\frac{d^k}{ds^k}e^{st}\bigg|_{s=s_i} = \frac{d^k}{ds^k}\left(\alpha_0(t) + \alpha_1(t)s_i + \cdots + \alpha_{n-1}(t)s_i^{n-1}\right)\bigg|_{s=s_i} \quad (k = 0, 1, 2, \ldots, q) \tag{4.40}$$

Wir beziehen uns auf die zuvor angegebene Systemmatrix $\bar{A} = \begin{bmatrix} -1 & 0 \\ 1 & -1 \end{bmatrix}$. Die Berechnung der Fundamentalmatrix erfolgt entsprechend den angegebenen Schritten in a), b) und c):

a) Charakteristische Gleichung

$$(4.37) \Rightarrow P*(s) = |s\bar{E} - \bar{A}| = \left\| \begin{bmatrix} s & 0 \\ 0 & s \end{bmatrix} - \begin{bmatrix} -1 & 0 \\ 1 & -1 \end{bmatrix} \right\| = \begin{vmatrix} s+1 & 0 \\ -1 & s+1 \end{vmatrix}$$

$$= (s+1)^2 = 0 \tag{4.41}$$

$$\Rightarrow s_{1/2} = -1 \tag{4.42}$$

b) Berechnen der Matrix-e-Funktion

$$\varphi(t) = e^{\bar{A}t} = \alpha_0(t)\bar{E} + \alpha_1(t)\bar{A} = \begin{bmatrix} \alpha_0(t) & 0 \\ 0 & \alpha_0(t) \end{bmatrix} + \begin{bmatrix} -\alpha_1(t) & 0 \\ \alpha_1(t) & -\alpha_1(t) \end{bmatrix} \tag{4.43a}$$

$$= \begin{bmatrix} \alpha_0(t) - \alpha_1(t) & 0 \\ \alpha_1(t) & \alpha_0(t) - \alpha_1(t) \end{bmatrix} \tag{4.43b}$$

c) Ermitteln der Zeitfunktionen $\alpha_0(t)$, $\alpha_1(t)$.

Aus (4.43a) und (4.43b) folgt ein Gleichungssystem mit zwei Gleichungen für die beiden Unbekannten $\alpha_0(t)$, $\alpha_1(t)$:

$$e^{s_1 t} = \alpha_0(t) + \alpha_1(t)s_1$$
$$e^{s_2 t} = \alpha_0(t) + \alpha_1(t)s_2 \tag{4.44}$$

Wegen der Doppelnullstelle stellt eine Gleichung eine Linearkombination der zweiten dar, deshalb wird eine zweite Bestimmungsgleichung über (4.40) gesucht:

$$(4.40) \Rightarrow \frac{d}{ds}e^{st} = \frac{d}{ds}\left(\alpha_0(t) + \alpha_1(s)s\right)$$
$$te^{st}\big|_{s=-1} = te^{-t} = \alpha_1(t) \tag{4.45}$$

Aus dem neu zusammengestellten Gleichungssystem

$$e^{-t} = \alpha_0(t) - \alpha_1(t)$$
$$te^{-t} = \alpha_1(t) \tag{4.46}$$

folgen die Lösungen für $\alpha_0(t)$, $\alpha_1(t)$:

$$\alpha_0(t) = e^{-t} + te^{-t} \tag{4.47a}$$
$$\alpha_1(t) = te^{-t} \tag{4.47b}$$

Mit den beiden Ergebnissen kann die Matrix-e-Funktion aufgebaut werden, die mit (4.25b) übereinstimmt:

$$\Rightarrow \varphi(t) = e^{\bar{A}t} = \begin{bmatrix} e^{-t} & 0 \\ te^{-t} & e^{-t} \end{bmatrix}$$

4.3 Lösungsweg im Frequenzbereich

Die Zustandsdifferenzialgleichung aus (2.18)

$$\dot{\vec{x}} = \bar{A}\vec{x}(t) + \bar{B}\vec{u}(t) \quad \text{mit} \quad \vec{x}(0) = \vec{x}_0$$

wird **Laplace**-transformiert und nach $x(s)$ umgestellt:

$$s\vec{x}(s) - \vec{x}_0 = \bar{A}\vec{x}(s) + \bar{B}\vec{u}(s) \tag{4.48}$$

$$\left[s\bar{E} - \bar{A}\right]\vec{x}(s) = \bar{B}\vec{u}(s) + \vec{x}_0 \tag{4.49}$$

Eine Multiplikation der Gleichung von links mit der inversen Matrix $\left[s\bar{E} - \bar{A}\right]^{-1}$ führt zu der Lösung der Zustandsgleichung im Frequenzbereich:

Sie setzt sich zusammen aus dem Eigenverhalten des Systems und dem von außen erzwungenen Anteil:

$$\vec{x}(s) = \underbrace{\left[s\bar{E} - \bar{A}\right]^{-1}\vec{x}_0}_{\substack{\text{Eigenver-}\\\text{halten}}} + \underbrace{\left[s\bar{E} - \bar{A}\right]^{-1}\bar{B}\vec{u}(s)}_{\substack{\text{erzwungene}\\\text{Erregung}}} \tag{4.50}$$

Ein Vergleich von (4.50) mit (4.9) liefert die Fundamentalmatrix im Frequenzbereich:

$$\varphi(s) = \left[s\bar{E} - \bar{A}\right]^{-1} \tag{4.51}$$

Nach Rücktransformation bekommt man die Fundamentalmatrix im Zeitbereich:

$$\mathcal{L}^{-1}\{\varphi(s)\} = \mathcal{L}^{-1}\left\{\left[s\bar{E} - \bar{A}\right]^{-1}\right\} = \varphi(t) \tag{4.52}$$

Zur **Erläuterung des Lösungsweges** benutzten wir wieder die Systemmatrix $\bar{A} = \begin{bmatrix} -1 & 0 \\ 1 & -1 \end{bmatrix}$:

$$(4.37) \Rightarrow |s\bar{E} - \bar{A}| = \left|\begin{bmatrix} s & 0 \\ 0 & s \end{bmatrix} - \begin{bmatrix} -1 & 0 \\ 1 & -1 \end{bmatrix}\right| = \left|\begin{bmatrix} s+1 & 0 \\ -1 & s+1 \end{bmatrix}\right| \tag{4.53}$$

Die Determinante der Matrix ist $D = (s+1)^2$.

Die Bildfunktion $\varphi(s)$ folgt aus der Invertierung:

$$\varphi(s) = \left[s\bar{E} - \bar{A}\right]^{-1} = \frac{1}{(s+1)^2}\begin{bmatrix} s+1 & 0 \\ 1 & s+1 \end{bmatrix} \tag{4.54}$$

Das Zurücktransformieren in den Zeitbereich erfolgt elementweise und führt auf das bekannte Ergebnis:

$$\varphi_{11}(t) = \mathcal{L}^{-1}\left\{\frac{1}{s+1}\right\} = e^{-t} \tag{4.55a}$$

$$\varphi_{12}(t) = 0 \tag{4.55b}$$

$$\varphi_{21}(t) = \mathcal{L}^{-1}\left\{\frac{1}{(s+1)^2}\right\} = te^{-t} \tag{4.55c}$$

$$\varphi_{22}(t) = \mathcal{L}^{-1}\left\{\frac{1}{s+1}\right\} = e^{-t} \tag{4.55d}$$

Als Matrix geordnet:

$$\Rightarrow \varphi(t) = \begin{bmatrix} e^{-t} & 0 \\ te^{-t} & e^{-t} \end{bmatrix} \tag{4.55e}$$

Die **Rampenantwort** wird nach (4.14) mit der Eingangsgröße $u(t) = u_0 t\sigma(t)$ aus den beiden Integralen (4.30) und (4.31) berechnet:

$$x_1(t) = u_0 \int_0^t \tau\varphi_{12}(t-\tau)d\tau + \varphi_{11}(t)x_1(0) + \varphi_{12}x_2(0) \tag{4.56a}$$

$$x_2(t) = u_0 \int_0^t \tau\varphi_{22}(t-\tau)d\tau + \varphi_{21}(t)x_1(0) + \varphi_{22}x_2(0) \tag{4.56b}$$

Da die Komponente $\varphi_{12}(t-\tau)$ in (4.55b) null ist, verschwindet auch das Integral und die Variable $x_1(t)$ beinhaltet nur die Anfangsbedingung $\varphi_{11}(t)x_1(0) = e^{-t}x_1(0)$. Die Rampenfunktion macht sich deshalb in der Zustandsgröße nicht bemerkbar (Abb. 4.1):

$$x_1(t) = e^{-t}x_1(0) \tag{4.57a}$$

Für das Integral (4.56b) gilt:

$$x_2(t) = u_0 \int_0^t \tau e^{-(t-\tau)}d\tau + te^{-t}x_1(0) + e^{-t}x_2(0) \tag{4.57b}$$

$$= u_0 \int_0^t \tau e^{(\tau-t)}d\tau + te^{-t}x_1(0) + e^{-t}x_2(0) \tag{4.57c}$$

Die Lösung des Integrals erfolgt durch Substitution: $u = \tau - t$, $du = d\tau$, $\tau = u + t$. Die neuen Grenzen liegen bei $\tau = 0$ ist $u = -t$ und bei $\tau = t$ wird $u = 0$.

Das umgeformte Integral wird in zwei Teile zerlegt:

$$x_2(t) = u_0 \int\limits_{u=-t}^{u=0} u e^u \, du + u_0 \int\limits_{u=-t}^{u=0} t e^u \, du + t e^{-t} x_1(0) + e^{-t} x_2(0) \qquad (4.58)$$

$$= u_0 \left[t + e^{-t} - 1 \right] + t e^{-t} x_1(0) + e^{-t} x_2(0) \qquad (4.59)$$

Wegen $y(t) = x_1(t)$ besteht die Rampenantwort nur aus der Komponente nach (4.57a), siehe auch Abb. 4.1:

$$y(t) = \vec{c}^T \vec{x}(t) = \begin{bmatrix} 1 & 0 \end{bmatrix} \begin{bmatrix} x_1(t) \\ x_2(t) \end{bmatrix} = x_1(0) \, e^{-t} \qquad (4.60)$$

4.4 Übungsaufgaben

Aufgabe 4.1 Die Sprungantwort des folgenden Systems ist gesucht. Die Fundamentalmatrix ist über eine Reihenentwicklung zu bestimmen, die Integration sollte im Zeitbereich durchgeführt werden.

$$\dot{\vec{x}} = \begin{bmatrix} 0 & 4 \\ 1 & 0 \end{bmatrix} \vec{x}(t) + \begin{bmatrix} 0 \\ 1 \end{bmatrix} u(t) \quad \text{mit} \quad \vec{x}(0) = \begin{bmatrix} 0 \\ 0 \end{bmatrix}, \qquad (4.61a)$$

$$y(t) = \vec{c}^T \vec{x}(t) = \begin{bmatrix} 1 & 0 \end{bmatrix} \begin{bmatrix} x_1(t) \\ x_2(t) \end{bmatrix} = x_1(t) \qquad (4.61b)$$

a) Berechnen der Matrizenfunktion

Zunächst wird die Matrizen-Funktion als Reihe dargestellt:

$$(4.15) \Rightarrow e^{-\bar{A}t} = \bar{E} - \bar{A}\frac{t}{1!} + \bar{A}^2 \frac{t^2}{2!} \bar{A}^3 \frac{t^3}{3!} + \cdots$$

Die Matrizenprodukte lassen sich nach dem Satz von *Cayley-Hamilton* [3] direkt berechnen. Erforderlich ist die charakteristische Gl. 4.37:

$$P^*(s) = \left| s\bar{E} - \bar{A} \right| = \left\| \begin{bmatrix} s & -4 \\ -1 & s \end{bmatrix} \right\| = s^2 - 4 = 0 \qquad (4.62)$$

Wird die komplexe Variable s durch die Matrix $\bar{A}$ ersetzt, erhält man eine Matrizengleichung, um zunächst $\bar{A}^2$ auszurechnen:

$$\bar{A}^2 = 4\bar{E} = \begin{bmatrix} 4 & 0 \\ 0 & 4 \end{bmatrix} \qquad (4.63)$$

Durch Multiplikation dieser Gleichung mit der Matrix $\bar{A}$ ergibt sich:

$$\bar{A}^3 = 4\bar{E}\bar{A} = 4\bar{A} = \begin{bmatrix} 0 & 16 \\ 4 & 0 \end{bmatrix} \qquad (4.64)$$

Eine weitere Multiplikation dieser Gleichung mit $\bar{A}$ liefert

$$\bar{A}^4 = 4\bar{A}^2 = 4 \cdot 4\bar{E} = \begin{bmatrix} 16 & 0 \\ 0 & 16 \end{bmatrix} \qquad (4.65)$$

Höhere Potenzen von $\bar{A}$ lassen sich in der gewählten Matrix-Besetzung ebenfalls als Vielfache von $\bar{A}$ oder $\bar{E}$ ausdrücken. Die so gefundenen Matrizenprodukte werden in den Reihenentwicklungen (4.15) verwendet.

Es folgt in aufgelöster Schreibweise die Matrixfunktion, die komponentenweise zu lesen ist:

$$e^{\bar{A}t} = e^{\begin{bmatrix} 0 & 4 \\ 1 & 0 \end{bmatrix} t}$$
$$= \begin{bmatrix} 1 & 0 \\ 0 & 1 \end{bmatrix} + \begin{bmatrix} 0 & 4 \\ 1 & 0 \end{bmatrix} \frac{t}{1!} + \begin{bmatrix} 4 & 0 \\ 0 & 4 \end{bmatrix} \frac{t^2}{2!} + \begin{bmatrix} 0 & 16 \\ 4 & 0 \end{bmatrix} \frac{t^3}{3!} + \begin{bmatrix} 16 & 0 \\ 0 & 16 \end{bmatrix} \frac{t^4}{4!} + \cdots \qquad (4.66)$$

Oder als Matrix geordnet (4.67):

$$e^{\bar{A}t} = \varphi(t) = \begin{bmatrix} \varphi_{11} & \varphi_{12} \\ \varphi_{21} & \varphi_{22} \end{bmatrix}$$
$$= \begin{bmatrix} 1 + 0\dfrac{t}{1!} + 4\dfrac{t^2}{2!} + 0\dfrac{t^3}{3!} + 16\dfrac{t^4}{4!} + - \cdots & 0 + 4\dfrac{t}{1!} + 0\dfrac{t^2}{2!} + 16\dfrac{t^3}{3!} + 0\dfrac{t^4}{4!} + - \cdots \\ 0 + 1\dfrac{t}{1!} + 0\dfrac{t^2}{2!} + 4\dfrac{t^3}{3!} + 0\dfrac{t^4}{4!} + - \cdots & 1 + 0\dfrac{t}{1!} + 4\dfrac{t^2}{2!} + 0\dfrac{t^3}{3!} + 16\dfrac{t^4}{4!} + - \cdots \end{bmatrix} \qquad (4.67)$$

Die Summenformeln der einzelnen Potenzreihen lassen sich verhältnismäßig einfach durch Addition und Subtraktion ausgewählter Reihen ermitteln:

$$\varphi_{11}(t) = \varphi_{22}(t) = \frac{e^{2t} + e^{-2t}}{2} = \cosh 2t = 1 + \frac{(2t)^2}{2!} + \frac{(2t)^4}{4!} + \cdots \qquad (4.68)$$

$$\varphi_{12}(t) = e^{2t} - e^{-2t} = 2\sinh 2t = 2\frac{2t}{1!} + 2\frac{(2t)^3}{3!} + 2\frac{(2t)^5}{5!} + \cdots \qquad (4.69)$$

$$\varphi_{21}(t) = \frac{e^{2t} - e^{-2t}}{4} = \frac{1}{2}\sinh 2t = \frac{t}{1!} + \frac{2^2 t^3}{3!} + \frac{2^4 t^5}{5!} + \cdots \qquad (4.70)$$

Die Fundamentalmatrix ist mit hyperbolischen Funktionen besetzt:

$$\varphi(t) = \begin{bmatrix} \cosh 2t & 2\sinh 2t \\ 0,5\sinh 2t & \cosh 2t \end{bmatrix} \tag{4.71}$$

b) Berechnung der Sprungantwort

Unter Berücksichtigung der eingangs vereinbarten Angaben (4.42) gilt:

$$\vec{x}(t) = \varphi(t)\vec{x}(0) + \int_0^t \varphi(t-\tau)\,\vec{b}u(\tau)\,d\tau$$

$$= u_0 \int_0^t \begin{bmatrix} \cosh 2(t-\tau) & 2\sinh 2(t-\tau) \\ 0,5\sinh 2(t-\tau) & \cosh 2(t-\tau) \end{bmatrix} \begin{bmatrix} 0 \\ 1 \end{bmatrix} d\tau$$

$$= u_0 \int_0^t \begin{bmatrix} 2\sinh 2(t-\tau) \\ \cosh 2(t-\tau) \end{bmatrix} d\tau \tag{4.72}$$

Aufgespalten in die einzelnen Komponenten:

$$x_1(t) = -2u_0 \int_0^t \sinh 2(\tau-t)\,d\tau = -u_0\cosh 2(\tau-t)\big|_0^t = -u_0(1-\cosh 2t) \tag{4.73}$$

$$= u_0(\cosh 2t - 1)$$

Die zweite Zustandsgröße wird:

$$x_2(t) = -u_0 \int_0^t \cosh 2(\tau-t)\,d\tau = -\frac{1}{2}u_0\sinh 2(\tau-t)\big|_0^t = -\frac{1}{2}u_0(0-\sinh 2t)$$

$$= \frac{u_0}{2}\sinh 2t \tag{4.74}$$

Für die Ausgangsgleichung gilt:

$$y(t) = x_1(t) = u_0(\cosh 2t - 1) \tag{4.75}$$

c) Grafische Interpretation der Ergebnisse

Das System ist instabil, wie man an Hand der Gewichtsfunktion zeigen kann. Um dieses Verhalten nachzuprüfen, werden die Zustandsdifferenzialgleichungen so miteinander

Abb. 4.2 Sprungantwort
$y(t) = x_1(t)$, $u_0 = 1$

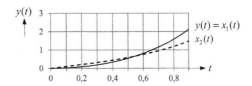

kombiniert, dass eine einzelne Differenzialgleichung entsteht. Zu diesem Zweck wird die erste Gleichung differenziert und in die zweite eingesetzt. Das Ergebnis ist eine Differenzialgleichung zweiter Ordnung:

$$\begin{aligned} \dot{x}_1 &= 4x_2(t) \\ \dot{x}_2 &= x_1(t) + u(t) \end{aligned} \quad \Rightarrow \quad \frac{1}{4}\ddot{x}_1 - x_1(t) = u(t) \tag{4.76}$$

Die Differenzialgleichung wird Laplace-transformiert und umgestellt, hieraus folgt die Übertragungsfunktion:

$$\frac{x_1(s)}{u(s)} = \frac{4}{s^2 - 4} \tag{4.77}$$

Man bezeichnet ein dynamisches System als stabil, wenn seine Gewichtsfunktion asymptotisch auf den Wert null abklingt, sonst instabil:

$$\lim_{t \to \infty} g(t) = 0 \tag{4.78}$$

Für das gewählte System zeigt die Gewichtsfunktion folgendes Verhalten:

$$4 \lim_{t \to \infty} \mathcal{L}^{-1} \left\{ \frac{1}{s^2 - 4} \right\} = 2 \lim_{t \to \infty} \sinh 2t \to \infty \tag{4.79}$$

Damit liegt ein instabiles System vor, was auch aus dem Kurvenverlauf von Abb. 4.2 hervorgeht.

d) Sprungantwort über die Übertragungsfunktion bestimmt

Die Übertragungsfunktion wird umgestellt und als Eingangsgröße die Sprungfunktion $u(t) = u_0 \sigma(t)$ verwendet.

$$x_1(s) = \frac{4}{s^2 - 4} \cdot u_0 \frac{1}{s} \tag{4.80}$$

Nach Rücktransformation in den Zeitbereich wird:

$$x_1(t) = u_0 \left[\cosh 2t - 1 \right] \tag{4.81}$$

Hieraus folgt durch Differenziation das bekannte Ergebnis:

$$x_2(t) = \frac{1}{4}\dot{x}_1 = u_0 \frac{1}{2} \sinh 2t \tag{4.82}$$

∎

Aufgabe 4.2 Eine Regelstrecke ist durch folgende Übertragungsfunktion definiert. Die Zustandsgleichungen sind aufzustellen und die Sprungantwort des Systems ist zu berechnen.

$$G(s) = \frac{2}{1 + 2{,}5s + s^2} \tag{4.83}$$

a) Aufstellen der Zustandsgleichungen

Durch Rücktransformation in den Zeitbereich ergibt sich eine Differenzialgleichung zweiter Ordnung:

$$\ddot{y} + 2{,}5\dot{y} + y(t) = 2u(t) \quad \text{mit} \quad y(0) = 0 \quad \text{und} \quad \dot{y}(0) = 0 \tag{4.84}$$

Folgende Substitutionen werden eingeführt:

$$\begin{aligned} x_1(t) &= y(t) \\ \dot{x}_1 &= x_2(t) = \dot{y} \\ \dot{x}_2 &= \ddot{y} \end{aligned} \tag{4.85}$$

Die Zustandsgleichungen zusammengestellt:

$$\begin{aligned} \dot{x}_1 &= \qquad\qquad x_2(t) \\ \dot{x}_2 &= -x_1(t) - 2{,}5x_2(t) + u(t) \\ y(t) &= 2x_1(t) \end{aligned} \tag{4.86}$$

Aus dem Gleichungssystem in Matrizenform erkennt man, dass die Systemmatrix eine Regelungsnormalform besitzt (4.87):

$$\dot{\vec{x}} = \begin{bmatrix} 0 & 1 \\ -1 & -2{,}5 \end{bmatrix} \vec{x}(t) + \begin{bmatrix} 0 \\ 1 \end{bmatrix} u(t)$$

$$y(t) = \begin{bmatrix} 2 & 0 \end{bmatrix} \vec{x}(t) = \vec{c}^T \vec{x}(t) \tag{4.87}$$

b) Ermitteln der Fundamentalmatrix

- Zunächst werden die charakteristische Gleichung und die Eigenwerte berechnet:

$$(4.41) \Rightarrow P*(s) = |s\bar{E} - \bar{A}| = \left| \begin{bmatrix} s & 0 \\ 0 & s \end{bmatrix} - \begin{bmatrix} 0 & 1 \\ -1 & -2{,}5 \end{bmatrix} \right| = \left| \begin{bmatrix} s & -1 \\ 1 & s + 2{,}5 \end{bmatrix} \right|$$

$$= s^2 + 2{,}5s + 1 = 0$$

$$\Rightarrow s_{1/2} = -0{,}5; -2 \tag{4.88}$$

- Aufstellen der Matrix-e-Funktion:

$$(4.43a), (4.43b) \Rightarrow \varphi(t) = \alpha_0 \bar{E} + \alpha_1 \bar{A}$$

$$= \begin{bmatrix} \alpha_0 & 0 \\ 0 & \alpha_0 \end{bmatrix} + \begin{bmatrix} 0 & \alpha_1 \\ -\alpha_1 & -2{,}5\alpha_1 \end{bmatrix}$$

$$= \begin{bmatrix} \alpha_0 & \alpha_1 \\ -\alpha_1 & \alpha_0 - 2{,}5\alpha_1 \end{bmatrix} \qquad (4.89)$$

- Formulieren des Gleichungssystems zur Berechnung der Koeffizienten:

$$(4.44) \Rightarrow e^{s_{1/2}} = \alpha_0 + \alpha_{1/2}$$

$$e^{-0{,}5t} = \alpha_0 - 0{,}5\alpha_1 \qquad (4.90)$$

$$e^{-2t} = \alpha_0 - 2\alpha_1 \qquad (4.91)$$

- Die Lösungen des Gleichungssystems mit den beiden Unbekannten sind:

$$\alpha_0 = \frac{4}{3}e^{-0{,}5t} - \frac{1}{3}e^{-2t} \qquad (4.92)$$

$$\alpha_1 = \frac{2}{3}\left[e^{-0{,}5t} - e^{-2t}\right] \qquad (4.93)$$

- Zusammenstellen der Fundamentalmatrix:

$$\varphi(t) = \begin{bmatrix} \frac{4}{3}e^{-0{,}5t} - \frac{1}{3}e^{-2t} & \frac{2}{3}\left[e^{-0{,}5t} - e^{-2t}\right] \\ -\frac{2}{3}\left[e^{-0{,}5t} - e^{-2t}\right] & -\frac{1}{3}e^{-0{,}5t} + \frac{4}{3}e^{-2t} \end{bmatrix} \qquad (4.94)$$

c) Lösen der Zustandsgleichung für $u(t) = 1, t > 0$

$$\vec{x}(t) = \varphi(t)\vec{x}_0 + \int_0^t \varphi(t-\tau)\,\vec{b}u(\tau)\,d\tau \qquad (4.95)$$

Mit Anfangswert $\varphi(t)\vec{x}_0 = \vec{0}$, den Produkten

$$\vec{b}u(\tau) = \begin{bmatrix} 0 \\ 1 \end{bmatrix} \cdot 1 = \begin{bmatrix} 0 \\ 1 \end{bmatrix} \quad \text{und} \quad \varphi(t-\tau)\begin{bmatrix} 0 \\ 1 \end{bmatrix}$$

$$= \begin{bmatrix} \frac{2}{3}\left[e^{0{,}5(\tau-t)} - e^{2(\tau-t)}\right] \\ -\frac{1}{3}e^{0{,}5(\tau-t)} + \frac{4}{3}e^{2(\tau-t)} \end{bmatrix} \qquad (4.96)$$

Abb. 4.3 Sprungantwort,
$u_0 = 1$,
$y(t) = 2x_1(t), u_0 = 1$

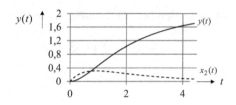

wird das Integral:

$$\vec{x}(t) = \int\limits_0^t \begin{bmatrix} \frac{2}{3}\left[e^{0,5(\tau-t)} - e^{2(\tau-t)}\right] \\ -\frac{1}{3}e^{0,5(\tau-t)} + \frac{4}{3}e^{2(\tau-t)} \end{bmatrix} d\tau$$

$$= \begin{bmatrix} \frac{4}{3}e^{0,5(\tau-t)} - \frac{1}{3}e^{2(\tau-t)} \\ -\frac{2}{3}e^{0,5(\tau-t)} + \frac{2}{3}e^{2(\tau-t)} \end{bmatrix}_{\tau=0}^{\tau=t} = \begin{bmatrix} 1 - \frac{4}{3}e^{-0,5t} + \frac{1}{3}e^{-2t} \\ \frac{2}{3}e^{-0,5t} - \frac{2}{3}e^{-2t} \end{bmatrix} = \vec{x}(t) \qquad (4.97)$$

Da die Zustandsgleichungen in Regelungsnormalform vorliegen, kann das Ergebnis an Hand der Substitutionen leicht nachgeprüft werden:

$$x_2(t) = \dot{x}_1 = \frac{2}{3}e^{-0,5t} - \frac{2}{3}e^{-2t} \qquad (4.98)$$

Für die Ausgangsgröße gilt:

$$y(t) = \vec{c}^T\vec{x}(t) = \begin{bmatrix} 2 & 0 \end{bmatrix} \begin{bmatrix} x_1(t) \\ x_2(t) \end{bmatrix} = 2x_1(t) \qquad (4.99)$$

d) Grafische Interpretation der Ergebnisse

Der stationäre Wert der Ausgangsgröße liegt bei $y(t \to \infty) = 2$. Die Kurve $x_2(t) = \dot{x}_1$ hat im Punkt Max(0,92; 0,31) einen Extremwert. An dieser Stelle besitzt die Zustandskurve $x_1(t)$ einen Wendepunkt WP(0,92; 0,42), (vgl. Abb. 4.3).

∎

Aufgabe 4.3 Für die in Beispiel 2 hergeleitete Systemmatrix soll im Frequenzbereich die Fundamentalmatrix und die Sprungantwort sowie die Rampenantwort berechnet werden.

$$\dot{\vec{x}} = \begin{bmatrix} 0 & 1 \\ -1 & -2,5 \end{bmatrix} \vec{x}(t) + \begin{bmatrix} 0 \\ 1 \end{bmatrix} u(t) \qquad (4.100)$$

Die Determinante und die Eigenwerte sind:

$$D_2 = s^2 + 2,5s + 1 = 0 \qquad (4.101)$$

$$\Rightarrow s_{1/2} = -0,5; \; -2 \qquad (4.102)$$

Die Fundamentalmatrix ist nach (4.51):

$$\varphi(s) = \left[s\bar{E} - \bar{A} \right]^{-1}$$

$$= \begin{bmatrix} s & -1 \\ 1 & s + 2,5 \end{bmatrix}^{-1}$$

$$= \frac{1}{(s + 0,5)\,(s + 2)} \begin{bmatrix} s + 2,5 & 1 \\ -1 & s \end{bmatrix} \tag{4.103}$$

Durch Rücktransformation erhält man das aus Aufgabe 4.2 bekannte Ergebnis:

$$\varphi_{11}(t) = \mathcal{L}^{-1} \left\{ \frac{s + 2,5}{(s + 0,5)(s + 2)} \right\} = \frac{4}{3} e^{-0,5t} - \frac{1}{3} e^{-2t} \tag{4.104a}$$

$$\varphi_{12}(t) = \mathcal{L}^{-1} \left\{ \frac{1}{(s + 0,5)(s + 2)} \right\} = \frac{2}{3} \left(e^{-0,5t} - e^{-2t} \right) \tag{4.104b}$$

$$\varphi_{22}(t) = \mathcal{L}^{-1} \left\{ \frac{s}{(s + 0,5)(s + 2)} \right\} = -\frac{1}{3} e^{-0,5t} + \frac{4}{3} e^{-2t} \tag{4.104c}$$

$$\varphi_{21}(t) = -\varphi_{12}(t) \tag{4.104d}$$

Die Sprungantwort wird nach (4.50) im Frequenzbereich berechnet:

$$\vec{x}(s) = \left[s\bar{E} - \bar{A} \right]^{-1} \vec{b}u(s)$$

$$= \frac{1}{(s + 0,5)\,(s + 2)} \begin{bmatrix} s + 2,5 & 1 \\ -1 & s \end{bmatrix} \begin{bmatrix} 0 \\ 1 \end{bmatrix} u(s)$$

$$= \frac{1}{(s + 0,5)\,(s + 2)} \begin{bmatrix} 1 \\ s \end{bmatrix} u(s) \tag{4.105}$$

Die Rücktransformation in den Zeitbereich erfordert unter Umständen die Zerlegung der Bildfunktionen in Partialbrüche. Für eine **sprungförmige** Eingangsgröße $u(t) = u_0 \sigma(t)$ ist die Zerlegung:

$$x_1(t) = \mathcal{L}^{-1} \left\{ \frac{u_0}{(s + 0,5)(s + 2)s} \right\} \tag{4.106}$$

$$= \mathcal{L}^{-1} u_0 \left[\frac{1}{s} - \frac{4}{3} \frac{1}{s + 0,5} + \frac{1}{3} \frac{1}{s + 2} \right] \tag{4.107}$$

Aus der Korrespondenztabelle folgt, *Walter* [5], *Lutz, Wendt* [6]:

$$x_1(t) = 1 - \frac{4}{3} e^{-0,5t} + \frac{1}{3} e^{-2t} \tag{4.108}$$

$$x_2(t) = \dot{x}_1 \tag{4.109}$$

Für die **Rampenantwort** gilt mit $u(t) = u_o t$ oder im Bildbereich $u(s) = u_0 s^{-2}$:

$$x_1(t) = \mathcal{L}^{-1}\left\{\frac{u_0}{(s+0{,}5)(s+2)s^2}\right\} \tag{4.110}$$

Die Rücktransformation kann auf mehreren Wegen erfolgen: Beispielsweise durch **Partialbruchzerlegung** der Funktion oder auch, da sich der Integrand aus mehreren Produkten darstellen lässt, mittels des **Faltungsintegrales**.

- **Ansatz zur Partialbruchzerlegung**

$$\frac{u_0}{(s+0{,}5)(s+2)s^2} = \frac{A}{s+0{,}5} + \frac{B}{s+2} + \frac{C}{s} + \frac{D}{s^2} \tag{4.111}$$

$$= \frac{8}{3}\frac{1}{s+0{,}5} - \frac{1}{6}\frac{1}{s+2} - \frac{5}{2}\frac{1}{s} + \frac{1}{s^2} \tag{4.112}$$

Das Ergebnis sind Grundkorrespondenzen, die aus einer Tabelle entnommen werden können.

- **Aufbau des Faltungsintegrals**

$$F(s) = \underbrace{\frac{u_0}{(s+0{,}5)(s+2)s}}_{f_1(s)} \cdot \underbrace{\frac{1}{s}}_{f_2(s)} \tag{4.113}$$

Die Rücktransformation der beiden Funktionen ergibt:

$$\mathcal{L}^{-1}\{f_1(s)\} = \mathcal{L}^{-1}\left\{\frac{u_0}{(s+0{,}5)(s+2)s}\right\} \tag{4.114}$$

$$= u_0\left[1 - \frac{4}{3}e^{-0{,}5t} + \frac{1}{3}e^{-2t}\right] \tag{4.115}$$

$$\mathcal{L}^{-1}\{f_2(s)\} = \mathcal{L}^{-1}\left\{\frac{1}{s}\right\} = \sigma(t) \tag{4.116}$$

- **Lösen des Faltungsintegrales**

$$x_1(t) = \int\limits_{\tau=0}^{t} \left[1 - \frac{4}{3}e^{0{,}5(\tau-t)} + \frac{1}{3}e^{2(\tau-t)}\right] d\tau$$

$$= \tau\big|_0^t - \frac{8}{3}e^{0{,}5(\tau-t)}\Big|_0^t + \frac{1}{6}e^{2(\tau-t)}\Big|_0^t \tag{4.117}$$

$$x_1(t) = -\frac{5}{2} + t + \frac{8}{3}e^{-0{,}5t} - \frac{1}{6}e^{-2t} \tag{4.118}$$

Die Ausgangsgröße ergibt sich zu:

$$y(t) = \vec{c}^T \vec{x}(t) = 2\left[-\frac{5}{2} + t + \frac{8}{3}e^{-0,5t} - \frac{1}{6}e^{-2t}\right] \tag{4.119}$$

Der Kurvenverlauf beginnt bei (vgl. Abb. 4.4)

$$y(0) = 0 \tag{4.120}$$

Die Zustandskurve

$$x_2(t) = \dot{x}_1 = 1 - \frac{4}{3}e^{-0,5t} + \frac{1}{3}e^{-2t} \tag{4.121}$$

strebt für $t \to \infty$ asymptotisch gegen 1.

d) Grafische Interpretation der Ergebnisse

Abb. 4.4 Rampenantwort, $u_0 = 1$
Asymptote $y_A(t) = -2,5 + t$

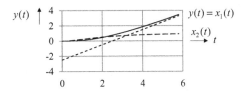

■

Aufgabe 4.4 Anwendungen des Satzes von *Cayley-Hamilton*, [4] zur Berechnung der n-ten Potenz einer Matrix $\bar{A}$.

a) Von der zweireihigen singulären Matrix $\bar{A} = \begin{bmatrix} 1 & 2 \\ 2 & 4 \end{bmatrix}$ ist die n-te Potenz zu berechnen.

Da sie singulär ist, existiert keine inverse Matrix:

- Charakteristisches Polynom:

$$P(\lambda) = \det(\bar{A} - \lambda\bar{E}) = \left\| \begin{bmatrix} 1 & 2 \\ 2 & 4 \end{bmatrix} - \lambda \begin{bmatrix} 1 & 0 \\ 0 & 1 \end{bmatrix} \right\| = \left\| \begin{bmatrix} 1-\lambda & 2 \\ 2 & 4-\lambda \end{bmatrix} \right\|$$

$$= (1-\lambda)(4-\lambda) - 4 \tag{4.122}$$

$$= \lambda^2 - 5\lambda = 0 \tag{4.123}$$

- Nach dem Satz von *Cayley-Hamilton* wird λ durch $\bar{A}$ ersetzt:

$$P(\bar{A}) = \bar{A}^2 - 5\bar{A} = \bar{0}$$

$$\Rightarrow \bar{A}^2 = 5\bar{A} \quad | \cdot \bar{A} \tag{4.124}$$

$$\bar{A}^3 = 5^2\bar{A}^2 \quad | \cdot \bar{A}$$

$$\bar{A}^4 = 5^3\bar{A}^3 \tag{4.125}$$

Für die n-te Potenz gilt:

$$\bar{A}^n = 5^{n-1}\bar{A} \quad (n = 2, 3, 4, \ldots) \tag{4.126}$$

b) Die Inverse von $\bar{A} = \begin{bmatrix} -1 & 2 & 0 \\ 1 & 1 & 0 \\ 2 & -1 & 2 \end{bmatrix}$ ist gesucht, sofern sie existiert.

- Charakteristisches Polynom

$$P(\lambda) = \det(\bar{A} - \lambda\bar{E}) = \left| \begin{bmatrix} -1 & 2 & 0 \\ 1 & 1 & 0 \\ 2 & -1 & 2 \end{bmatrix} - \begin{bmatrix} \lambda & 0 & 0 \\ 0 & \lambda & 0 \\ 0 & 0 & \lambda \end{bmatrix} \right|$$

$$= \left| \begin{bmatrix} -1-\lambda & 2 & 0 \\ 1 & 1-\lambda & 0 \\ 2 & -1 & 2-\lambda \end{bmatrix} \right| \tag{4.127}$$

$$= -6 + 3\lambda + 2\lambda^2 - \lambda^3 = 0 \tag{4.128}$$

- Satz von *Cayley-Hamilton*

$$P(\bar{A}) = -A^3 + 2\bar{A}^2 + 3\bar{A} - 6\bar{E} = \bar{0} \tag{4.129}$$

Mit $\bar{A}^{-1}$ multipliziert und umgestellt:

$$-A^3 + 2\bar{A}^2 + 3\bar{A} = 6\bar{E} \quad | \cdot \bar{A}^{-1}$$
$$-\bar{A}^2 + 2\bar{A} + 3\bar{E} = 6\bar{A}^{-1}$$

$$\Rightarrow \bar{A}^{-1} = \frac{1}{6}\left(-\bar{A}^2 + 2\bar{A} + 3\bar{E}\right)$$

$$= \frac{1}{6}\left(\begin{bmatrix} -3 & 0 & 0 \\ 0 & -3 & 0 \\ -1 & -1 & -4 \end{bmatrix} + 2\begin{bmatrix} -1 & 2 & 0 \\ 1 & 1 & 0 \\ 2 & -1 & 2 \end{bmatrix} + 3\begin{bmatrix} 1 & 0 & 0 \\ 0 & 1 & 0 \\ 0 & 0 & 1 \end{bmatrix} \right)$$

$$= \frac{1}{6}\begin{bmatrix} -2 & 4 & 0 \\ 2 & 2 & 0 \\ 3 & -3 & 3 \end{bmatrix}$$

$$\tag{4.130}$$

Für ein charakteristisches Polynom der Form

$$P(\lambda) = \bar{A}^n + a_{n-1}\bar{A}^{n-1} + \cdots + a_1\bar{A} + a_0\bar{E} = \bar{0} \tag{4.131}$$

lässt sich durch Ausklammern von $\bar{A}$ und anschließender Multiplikation mit $\bar{A}^{-1}$ die folgende Gl. 4.132 herleiten:

$$P(\lambda) = \bar{A}\left(a_{n-1}\bar{A}^{n-1} + a_{n-2}\bar{A}^{n-2} + \cdots + a_1\bar{E}\right) = -a_0\bar{E} \tag{4.132}$$

$$\left(a_{n-1}\bar{A}^{n-1} + a_{n-2}\bar{A}^{n-2} + \cdots + a_1\bar{E}\right) = -a_0\bar{A}^{-1} \tag{4.133}$$

4.5 Zusammenfassung

Das dynamische Verhalten eines Systems lässt sich mathematisch auf unterschiedliche Weise beschreiben. Betrachtet man das Ein- Ausgangsverhalten ist es zweckmäßig, dieses in Form einer **Differenzialgleichung** zu formulieren. In solchen Fällen ist die Systemreaktion die Lösung der inhomogenen Differenzialgleichung bei gegebener Eingangsgröße, der Störfunktion. Beim Durchführen der einzelnen Lösungsschritte benutzt man aber häufig Mittel, wie sie die **Laplace-Transformation** bietet. Hier sind Lösungen von aufwendigen Rechenoperationen in der **Korrespondenztabelle** abrufbar gespeichert.

Ist das Übertragungsverhalten eines dynamischen Systems in der **Übertragungsfunktion** festgelegt, kann die Systemantwort direkt im Bildbereich berechnet und anschließend in den Zeitbereich zurücktransformiert werden.

Etwas aufwendiger ist das Berechnen der Systemantwort, wenn das dynamische Verhalten eines Systems in Form von **Zustandsgleichungen** gegeben ist. Ein wesentlicher Bestandteil beim Lösen der Zustandsdifferenzialgleichungen ist eine Matrizen-Exponentialfunktion, die bestimmte Eigenschaften erfüllen muss. Da in ihrem Exponenten eine Matrix auftritt, kann über eine **Reihenentwicklung der Funktion** gezeigt werden, dass sie auch differenzierbar ist, eine wichtige Forderung des Lösungskonzeptes. Die Lösungen der Differenzialgleichungen setzen sich dann zusammen aus dem homogenen Anteil, der die Eigenbewegungen des Systems repräsentiert sowie dem partikulären Term, der den von außen angeregten Anteil kennzeichnet.

Die in beiden Lösungsanteilen auftretende Exponentialfunktion in Matrizenform trägt die Namen **Fundamentalmatrix**, **Transitionsmatrix** oder auch **Übergangsmatrix**.

Wird die Exponentialfunktion über eine Reihenentwicklung berechnet, treten Produkte der Systemmatrix auf. Sie lassen sich über eine fortlaufende Produktbildung der Matrizen errechnen oder nach *Cayley-Hamilton* [1] über das **charakteristische Polynom** der Systemmatrix (vgl. (4.19)). Der Vorteil dieser Methode ist der Zusammenhang zwischen der Potenz einer Matrix und den linearen Ausgangsmatrizen (vgl. Aufgaben 4.1 und 4.2).

Die Elemente der Matrix-Exponentialfunktion sind wieder Potenzreihen, die durch ihre jeweilige Summenfunktion darstellbar sind, was unter Umständen aufwendig sein kann. Das Problem lässt sich umgehen, wenn man den Weg über die Eigenwerte der Systemmatrix nimmt. Das Ergebnis ist die Fundamentalmatrix in geschlossener Form.

Durch Laplace-Transformieren der Zustandsgleichungen erhält man die Lösung der Zustandsgleichungen im Bildbereich (vgl. (4.50)). Treten in der zurücktransformierenden

Funktion Produkte von Bildfunktionen auf, greift man auf das Verfahren der Partialbruchzerlegung zurück oder man benutzt das Faltungsintegral (vgl. Aufgabe 4.3). Die Fundamentalmatrix erscheint hierbei als Bildfunktion im Zwischenergebnis. Die Integration im partikulären Anteil erfolgt bei gegebenen Zeitfunktionen komponentenweise (vgl. Aufgabe 4.2).

Die Übungsaufgaben sind so gegliedert, dass sie die Theorie abrunden, vertiefen und ergänzen:

- Berechnen der Fundamentalmatrix durch Reihenentwicklung und mithilfe der charakteristischen Gleichung, der Sprungantwort und Rampenantwort aus der Zustandsbeschreibung eines dynamischen Systems im Zeit- als auch im Frequenzbereich sowie ihre grafische Interpretation. Anwendungen des Faltungsintegrales bei der Rücktransformation eines Integranden, der als Produkt zweier Bildfunktionen darstellbar ist.
- Bestimmen der Potenz einer Matrix durch fortlaufende Multiplikation und durch Anwenden des Satzes von *Cayley-Hamilton*.
- Herleiten einer Formel zur unmittelbaren Berechnung der Inversen einer nichtsingulären Matrix.
  Erweiterung des Verfahrens von zweireihigen auf dreireihigen Matrizen.

Literatur

1. Gantmacher, F.R.: Matrizenrechnung I. VEB Deutscher Verlag der Wissenschaften, Berlin (1970)
2. Unbehauen, H.: Regelungstechnik II: Zustandsregelungen, digitale und nicht lineare Regelsysteme. Studium Technik. Vieweg, Wiesbaden (2009)
3. https://de.wikipedia.org/wiki/Satz_von_Cayley-Hamilton. Zugegriffen: 2019
4. http://math.stackexchange.com/questions/780160. Zugegriffen: 2019
5. Walter, H.: Grundkurs Reglungstechnik, 3. Aufl. Springer Vieweg, Wiesbaden (2001)
6. Lutz, H., Wendt, W.: Taschenbuch der Regelungstechnik. Harri Deutsch, Haan-Gruiten (2014)

Synthese einer Zustandsregelung nach dem Verfahren der Polvorgabe

5

Das dynamische Verhalten einer Regelung wird ausschließlich durch die Lage der Pol- und Nullstellen der Übertragungsfunktion bestimmt. Beim **Verfahren der Polvorgabe** wird die **Dynamik des Regelkreises** als Ziel vorgegeben. Sie lässt sich durch ein der Strecke parallel liegendes Netzwerk, der **Reglermatrix**, beeinflussen. Über diese **Matrix** werden die Zustandsgrößen auf den Streckeneingang zurückgeführt. Mithilfe der **Elemente der Reglermatrix** können die Pole des ursprünglichen Regelkreises auf die gewünschte Stelle in der s-Ebene verschoben werden. Dieser Vorgang ist kein Optimierungsverfahren, da ein auf das Einschwingverhalten des Regelkreises zielgerichtetes Gütekriterium nicht verwendet wird.

Die Vorgehensweise in der Praxis ist so, dass die gewünschten Pole des geschlossenen Regelkreises vorgegeben werden. Aus der Differenz zwischen gewünschtem und ursprünglichem Pol wird der Betrag der Verschiebung berechnet. Dieses einfache Verfahren ist so nur durchführbar, wenn die Zustandsbeschreibung der Strecke in **Regelungsnormalform** vorliegt. In diesem Falle können die Elemente des Rückführvektors über einen Koeffizientenvergleich direkt angegeben werden. Der so definierte **Zustandsregler** ist nur dann in der Lage alle Pole wunschgemäß zu verschieben, wenn das System **steuerbar** ist.

Die Lage der Pole ist in der Praxis nicht beliebig wählbar, sondern gewissen Beschränkungen unterworfen. Aus Stabilitätsgründen müssen sie in der linken Hälfte der s-Ebene liegen, allerdings wegen zunehmender Schwingungsgefahr nicht zu nahe bei der imaginären Achse. Man definiert hier deshalb eine Stabilitätsgrenze, die möglichst nicht überschritten werden sollte. Hat ein Pol einen größeren Abstand von der imaginären Achse, nimmt die Stabilität zu, erfordert aber größere, oft nicht zu realisierende Stellgrößenausschläge.

Die Abbildung (siehe Abb. 5.1) zeigt ein abgegrenztes, trapezförmiges Gebiet in der s-Ebene, wo Pole vorzugsweise platziert werden sollten. Pole in der Nähe der Stabilitätsgrenze haben einen großen Einfluss auf das dynamische Verhalten des Systems. Man nennt sie deshalb auch **dominante Pole**. Die Pollagen prägen das Einschwingverhalten des Systems. Entspricht dieses nicht dem erhofften Verlauf, müssen die Pollagen korrigiert

© Springer Fachmedien Wiesbaden GmbH, ein Teil von Springer Nature 2019
H. Walter, *Zustandsregelung*, https://doi.org/10.1007/978-3-658-21075-5_5

Abb. 5.1 Pollagen eines Systems in der linken Hälfte der
s-Ebene

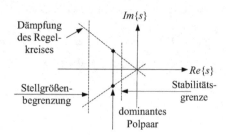

werden. Unter Umständen führt dies zu einer iterativen Annäherung an das gewünschte
Ergebnis. Man kann diese Arbeitsweise auch als Optimierung bezeichnen.

5.1 Die Pole im Standardregelkreis

Der Standardregelkreis ist auf dem Prinzip „Ein-Ausgangsverhalten" aufgebaut. Der
Messort liegt ausgangsseitig der Regelstrecke. Interne dynamische Prozesse werden deshalb nur verzögert und summarisch am Messort beobachtet. An der Vergleichsstelle
wird die Regelgröße mit der Führungsgröße verglichen. Die Differenz ist nach Betrag
und Vorzeichen die Eingangsgröße für den Regler. Dessen Ausgangsgröße wird auf den
Streckeneingang zurückgeführt. Es entsteht eine kreisförmige Struktur. Man nennt dieses
Prinzip in Anlehnung an die Zustandsregelung **Ausgangsrückführung** (Abb. 5.2).

Die Dynamik der Strecke ist im Allgemeinen unveränderlich. Deshalb kann die Übertragungsfunktion des Regelkreises im Wesentlichen nur durch die Pole des Reglers beeinflusst werden. Kommt ein Regler mit PID-Zeitverhalten zum Einsatz, betrifft dies je
nach Ordnung der Regelstrecke die Reglerparameter Kreisverstärkung $K_P K_S$, die Nachstellzeit T_n und die Vorhaltzeit T_V. Über diese Parameter kann auch mit einem geeigneten
Optimierungsverfahren das Einschwingverhalten der Regelgröße optimal eingestellt werden. Das Ergebnis der Optimierung ist bezüglich des verwendeten Gütekriteriums eine
optimale Pollage.

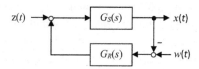

Abb. 5.2 Standardregelkreis: Regler und Regelstrecke
$G_S(s)$ Übertragungsfunktion der Strecke
$G_R(s)$ Übertragungsfunktion des Reglers
$x(t)$ Regelgröße
$w(t)$ Führungsgröße
$z(t)$ Störgröße

Beispiel 5.1

Die Verknüpfung zwischen Pollage, Sprungantwort und Steuergröße (Stellgröße) im Standardregelkreis für einen PI-Regler und einer P-T_1-Strecke zeigt die Zusammenstellung:

Mit $G_R(s) = K_P \frac{1+sT_n}{sT_n}$ und $G_S(s) = \frac{K_S}{1+sT_1}$ wird die Führungsübertragungsfunktion gebildet:

$$G_w(s) = \frac{x(s)}{w(s)} = \frac{K_P K_S (1 + sT_n)}{sT_n (1 + sT_1) + K_P K_S (1 + sT_n)} \tag{5.1}$$

Aus dem Nenner folgen die Pole der Übertragungsfunktion.

$$N(s) = s^2 + s\frac{1 + K_P K_S}{T_1} + \frac{K_P K_S}{T_n T_1} = 0 \tag{5.2}$$

$$\Rightarrow s_{1/2} = -\frac{1 + K_P K_s}{2T_1} \pm \sqrt{\left(-\frac{1 + K_P K_s}{2T_1}\right)^2 - \frac{K_P K_S}{T_n T_1}} = f(K_P K_S, T_n) \tag{5.3}$$

Die Lage der beiden Pole in der s-Ebene hängt von den Parametern $K_P K_S$, T_n ab. Die Struktur der Führungsübertragungsfunktion ermöglicht eine Pol-Nullstellenkompensation, *Walter*, [6, S. 173]: Legt man die Nachstellzeit T_n auf die Streckenzeitkonstante T_1, so lässt sich die Zählernullstelle gegen einen Pol kompensieren. Damit wird durch eine geeignete Parameterwahl die Schwingungsfähigkeit aus dem Kreis herausgenommen.

Die reduzierte Übertragungsfunktion $G_w(s)_{\text{red}}$ hat jetzt mit $T_1 = T_n = T_1^*$ die Form:

$$G_w(s)_{\text{red}} = \frac{x(s)}{w(s)} = \frac{K_P K_S}{sT_1^* + K_P K_S} \tag{5.4}$$

Der kompensierte Kreis hat einen Pol in der linken Hälfte der s-Ebene:

$$s_{1\text{red}} = -\frac{K_P K_S}{T_1^*} = -\frac{1}{T_{\text{ers}}} = f(K_P K_S) \tag{5.5}$$

$T_{\text{ers}} = \frac{T_1^*}{K_P K_S}$ ist die auf die Kreisverstärkung bezogene Ersatzzeitkonstante. Sie ist ein Maß für den Anstieg der Sprungantwort im Ursprung.

Die auf die Sollwertamplitude w_0 bezogene Sprungantwort ergibt sich durch Rücktransformation von (5.4):

$$\frac{x(t)}{w_0} = \mathcal{L}^{-1} \left\{ \frac{1}{s} \frac{1}{1 + s\frac{T_1^*}{K_P K_S}} \right\} = \left(1 - e^{-\frac{t}{T_1^*}(K_P K_S)} \right) = f(\frac{K_P K_S}{T_1^*}) \tag{5.6}$$

Die Stellgröße oder Steuergröße des reduzierten Systems wird aus der Übertragungsfunktion $\frac{y_s(s)}{w(s)}$ berechnet:

$$\frac{y_s(s)}{w(s)} = \frac{G_R(s)}{1 + G_R(s)G_S(s)} \tag{5.7}$$

$$\Rightarrow \frac{y_s(s)}{w_0} = \frac{1}{s} K_P \frac{1 + sT_1^*}{K_P K_S + sT_1^*} \tag{5.8}$$

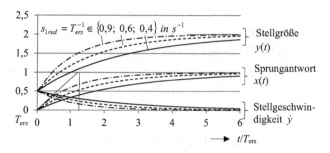

Abb. 5.3 Verlauf der Stellgröße, der Sprungantwort und der Stellgeschwindigkeit in Abhängigkeit der Pollage im Standardregelkreis aus PI-Regler an einer P-T_1-Strecke

Abb. 5.4 Pole in der s-Ebene

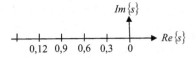

Den Ausdruck aufgegliedert und in den Zeitbereich zurücktransformiert ergibt wieder eine von der Kreisverstärkung abhängige Funktion:

$$\frac{y_s(t)}{w_0} = K_P \left[\frac{1}{K_P K_S} \left(1 - e^{-\frac{t}{T_1^*}(K_P K_S)} \right) + e^{-\frac{t}{T_1^*}(K_P K_S)} \right] \tag{5.9a}$$

$$= f(\frac{K_P K_S}{T_1^*}) \tag{5.9b}$$

Die Stellgeschwindigkeit ist die Ableitung von (5.9a):

$$\frac{\dot{y}_S}{w_0} = \frac{K_P}{T_1^*} \left[1 - K_P K_S \right] e^{-\frac{t}{T_{ers}}} \tag{5.10}$$

Die Konstante vor der Exponentialfunktion in (5.10) wird für das Diagramm auf 0,5 gelegt.

Interpretation der Kurven

In der Abb. 5.3 sind drei Kurvenscharen mit jeweils drei Kurven eingezeichnet, deren Verlauf von drei beliebig gewählten Polen (Abb. 5.5) beeinflusst werden. Je weiter entfernt der Pol links von der imaginären Achse zu liegen kommt, desto steiler ist der Anstieg bei der Sprungantwort. Ein Maß hierfür ist die Ersatzzeitkonstante T_{ers}. Die Stellgröße hat für diesen Kurvenparameter den steilsten Verlauf unter den drei eingezeichneten Funktionen, was unter Umständen eine große Belastung für die Stelleinrichtung und der Regelstrecke bedeuten kann. Die Stellgeschwindigkeit (untere Kurvenschar) drückt diese Eigenschaft durch ihre stärkste Veränderung pro Zeit aus.

■

5.2 Der Regelkreis in Zustandsbeschreibung

Das Zustandsmodell für eine Regelstrecke wird aus der systembeschreibenden Differenzialgleichung oder aus der Übertragungsfunktion abgeleitet (vgl. Kap. 2). Die Darstellungsform der Modellbeschreibung ist entweder ein Satz von linearen Differenzialgleichungen erster Ordnung in expliziter Schreibweise, ergänzt mit der Ausgangsgleichung in algebraischer Form oder auch zweckmäßigerweise als ein Vektor/Matrizen-Ausdruck.

Für die Regelung einer Strecke in Zustandsbeschreibung bieten sich zwei Verfahren an, Steuerbarkeit und Beobachtbarkeit der Systeme vorausgesetzt.

a) Zustandsrückführung
b) Ausgangsrückführung

Basis sind die allgemeinen Zustandsgleichungen in Vektor/Matrizenform. Sie werden grafisch interpretiert: Das Blockschaltbild (Abb. 5.5) zeigt die Umsetzung und Lösung der Differenzialgleichungen einschließlich der Ausgangsgrößen bei gegebenen Eingangsgrößen.

$$\dot{\vec{x}} = \bar{A}\vec{x}(t) + \bar{B}\vec{u}(t) \quad \text{mit} \quad \vec{x}_0 = \vec{x}(0) \tag{5.11a}$$

$$\vec{y} = \bar{C}\vec{x}(t) + \bar{D}\vec{u}(t) \tag{5.11b}$$

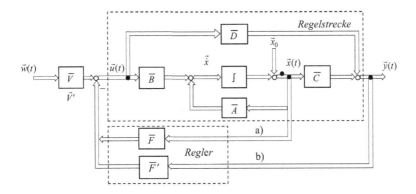

Abb. 5.5 Zustandsregelkreis mit Vorfilter
$\vec{w}(t)$ Führungsgröße
$\vec{y}(t)$ Ausgangsgröße
$\vec{F}$ Regler bei Zustandsrückführung
$\vec{F}'$ Regler bei Ausgangsrückführung
$\vec{V}, \vec{V}'$ Vorfilter zur Anpassung des Führungsgrößenvektors $\vec{w}(t)$ an den Ausgangsvektor $\vec{y}(t)$
a) Zustandsrückführung
b) Ausgangsrückführung

5.2.1   Der Zustandsregler

Bei der Zustandsregelung werden je nach Höhe der Ordnung der Differenzialgleichung alle Zustandsgrößen einem **Zustandsregler** zugeführt, der auf den Eingang des Zustandsmodells der Regelstrecke wirkt. Dadurch entsteht ein mehrschleifiger Regelkreis. Der Zustandsregler bewertet die einzelnen Zustandsvariablen der Regelstrecke und führt die so entstandenen Produkte zur Vergleichsstelle am Eingang der Regelstrecke:

$$\vec{u}(t) = \bar{V}\vec{w}(t) - \bar{F}\vec{x}(t) \tag{5.12}$$

Die mit den Reglerfaktoren belegten Zustandsgrößen durchlaufen nochmals die Rechenschaltungen zur Lösung der Differenzialgleichung mit n Integratoren, wobei ein differenzierendes Verhalten des Reglers entsteht, da die zurückgeführten Zustandsgrößen $\vec{x}(t)$ jeweils Ableitungen der Zustandsgröße $x_1(t)$ sind [1]:

Im Bildbereich lauten die zurückgeführten Zustandsgrößen:

$$(2.5) \Rightarrow x_1(s) = \mathcal{L}\{x_1(t)\}$$
$$x_2(s) = s x_1(s)$$
$$x_3(s) = s^2 x_1(s)$$
$$\vdots$$
$$x_n(s) = s^{n-1} x_1(s) \tag{5.13}$$

Betrachtet man Eingrößen-Systeme anstelle von Mehrgrößen-Systemen, dann lässt sich das Verhalten des Reglers vereinfacht darstellen, da die Reglermatrix $\bar{F}$ durch einen Vektor $\vec{f}$ ersetzt werden kann. Die $(m \times m)$-Matrix $\bar{V}$ wird in dieser Lage zu einer skalaren Größe v. Aus (5.12) folgt:

$$u(t) = vw(t) - \vec{f}^T \vec{x}(t)$$
$$= vw(t) - \underbrace{f_1 x_1(t)}_{\text{P-}} - \underbrace{f_2 x_2(t)}_{\text{D}_1\text{-}} - \underbrace{f_3 x_3(t)}_{\text{D}_2\text{-}} - \cdots - \underbrace{f_n x_n(t)}_{\text{D}_{n-1}\text{-Anteil}} \tag{5.14}$$

Die Wirkung der zurückgeführten Zustandsgrößen entspricht je nach Ordnung n der Differenzialgleichung einem PD_{n-1}-Verhalten. Da die Zustandsgrößen nicht durch Differenziation des Ausgangssignales erzeugt, sondern direkt gemessen werden, ergibt sich ein besonders günstiges Störverhalten.

5.2.2   Der geschlossene Regelkreis

Mit (5.12) erhält die Zustandsdifferenzialgleichung 5.11a eine neue Form:

$$\vec{x} = \underbrace{\left(\bar{A} - \bar{B}\,\bar{F}\right)}_{\bar{A}_S} \vec{x}(t) + \bar{B}\,\bar{V}\,\vec{w}(t) \tag{5.15}$$

Das ist die Zustandsgleichung des geschlossenen Kreises wieder in Regelungsnormal-form, $\bar{A}_S$ ist darin die erweiterte Systemmatrix. Sie beeinflusst die Dynamik des Systems. Die Ausgangsgleichung bleibt von dieser Operation unberührt. Für die Durchgriffsmatrix gelte $\bar{D} = \bar{0}$.

Die Berechnung der Elemente der Rückführmatrix $\bar{F}$ bei Mehrgrößensysteme ist nicht immer eindeutig und kann sehr aufwendig sein. Ein iterativer Lösungsweg scheint hier angebracht, *Korn, Wilfert* [2]. Beispiele bei *Sinus Engineering* [3], *Savicek* [4, S. 43].

Die Zustandsrückführung erzeugt im Allgemeinen keinen Gleichstand zwischen Füh-rungsgröße und Regelgröße im stationären Zustand, weil die Ausgangsgröße $\vec{y}(t)$des Zustandsregelkreises nicht auf den Eingang der Regelstrecke zurückgekoppelt wird. Die Ursache liegt darin, dass die Ausgangsgröße $\vec{y}(t)$eine Funktion der Zustandsgröße ist. Deshalb wird das Blockschaltbild der Zustandsrückführung oft mit einem Vorfil-ter $\bar{V}$erweitert, das die Angleichung im stationären Zustand übernimmt. Bei MIMO-Systemen wird das Filter durch eine m x m-Matrix realisiert, bei SISO-Systemen schrumpft es auf eine skalare Größe. Aus der Zustandsdifferenzialgleichung 5.15 lässt sich die Matrix $\bar{V}$ herauslösen, wenn folgende Bedingungen beachtet werden:

- Die Rückführmatrix $\bar{F}$ sei bekannt
- Anzahl der Stellgrößen r entspricht der Anzahl der Führungsgrößen m
- Die Durchgriffsmatrix $\bar{D}$ sei eine Nullmatrix $\bar{0}$
- Im stationären Zustand gilt: $\vec{x} = \vec{0}$ und $\vec{y} = \vec{w}$

Werden die Randbedingungen berücksichtigt, folgen aus (5.15):

$$\Rightarrow \quad \bar{0} = \left(\bar{A} - \bar{B}\,\bar{F}\right)\vec{x}(t) + \bar{B}\,\bar{V}\,\vec{w} \tag{5.16}$$

$$\Rightarrow \quad \vec{x}(t) = \left(\bar{B}\,\bar{F} - \bar{A}\right)^{-1}\bar{B}\,\bar{V}\,\vec{w} \tag{5.17}$$

Wegen $\vec{y} = \vec{w} = \bar{C}\,\vec{x}(t)$, wird

$$\vec{y} = \vec{w} = \bar{C}\left(\bar{B}\,\bar{F} - \bar{A}\right)^{-1}\bar{B}\,\bar{V}\,\vec{w} \tag{5.18}$$

Damit die Bedingung $\vec{y} = \vec{w}$ eingehalten werden kann, muss gelten:

$$\bar{E} = \left[\bar{C}\left(\bar{B}\,\bar{F} - \bar{A}\right)^{-1}\bar{B}\,\bar{V}\right] \tag{5.19}$$

Aus dieser Beziehung folgt nach Umstellung die Matrix

$$\bar{V} = \left[\bar{C} \left(\bar{B} \bar{F} - \bar{A} \right)^{-1} \bar{B} \right]^{-1}$$
(5.20)

Für Eingrößensysteme gilt der vereinfachte Ausdruck:

$$\bar{V} = \left[\vec{c}^T \left(\vec{b} \vec{f}^T - \bar{A} \right)^{-1} \vec{b} \right]^{-1}$$
(5.21)

Beispiel 5.2
Zur Berechnung eines Vorfilters
   Es sei gegeben:

$$\bar{A} = \begin{bmatrix} 0 & 1 \\ 0 & -2 \end{bmatrix} \quad \vec{b} = \begin{bmatrix} 0 \\ 1 \end{bmatrix} \quad \vec{c} = \begin{bmatrix} 2 \\ 0 \end{bmatrix} \quad \vec{f}^T = \begin{bmatrix} 8 & 2 \end{bmatrix}$$

$$[\bar{B} \bar{F} - \bar{A}] = [\vec{b} \vec{f}^T - \bar{A}] = \left[\begin{bmatrix} 0 \\ 1 \end{bmatrix} \begin{bmatrix} 8 & 2 \end{bmatrix} - \begin{bmatrix} 0 & 1 \\ 0 & -2 \end{bmatrix} \right] = \begin{bmatrix} 0 & -1 \\ 8 & 4 \end{bmatrix}$$

$$[\vec{b} \vec{f}^T - \bar{A}]^{-1} = \begin{bmatrix} 0 & -1 \\ 8 & 4 \end{bmatrix}^{-1} = \frac{1}{8} \begin{bmatrix} 4 & 1 \\ -8 & 0 \end{bmatrix}$$

$$\vec{c}^T [\vec{b} \vec{f}^T - \bar{A}]^{-1} \vec{b} = \begin{bmatrix} 2 & 0 \end{bmatrix} \frac{1}{8} \begin{bmatrix} 4 & 1 \\ -8 & 0 \end{bmatrix} \begin{bmatrix} 0 \\ 1 \end{bmatrix} = \begin{bmatrix} \frac{1}{4} \end{bmatrix}$$

$$\bar{V} = \left[\vec{c}^T [\vec{b} \vec{f}^T - \bar{A}]^{-1} \vec{b} \right]^{-1} = [4]$$

Bei Eingrößensystemen schrumpft das Vorfilter auf eine skalare Größe: $v = 4$
∎

5.2.3   Polvorgabe bei Eingrößensystemen

Gegenüber Mehrgrößensystemen können die Eingrößen-Systeme durch ein vereinfachtes Blockschaltbild dargestellt werden. Grundlage der grafischen Interpretation sind die Zustandsgleichungen nach (2.11, siehe Abb. 5.6):

$$\dot{x} = \bar{A} \vec{x}(t) + \vec{b} u(t)$$
$$y(t) = \vec{c}^T \vec{x}(t)$$

Der Durchgriff d sei null, der Anfangswert $\vec{x}(0) = \vec{x}_0$.

   Das Blockschaltbild zeigt die Regelstrecke in Zustandsbeschreibung mit angekoppeltem Regler. Der Rückführzweig (siehe Abb. 5.6) wird nicht durch die Ausgangsgröße

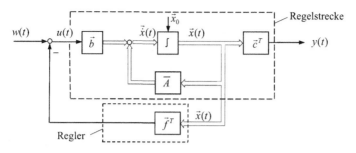

Abb. 5.6   Zustandsraumregelung von Eingrößen-Systemen

$y(t)$ gebildet, sondern durch den Zustandsvektor $\vec{x}(t)$. Der Zustandsregler gewichtet die Zustandsgrößen, summiert diese und leitet sie an die Vergleichsstelle. Für die Steuergröße ergibt sich an diesem Ort:

$$u(t) = w(t) - \vec{f}^T \vec{x}(t)$$
$$= w(t) - f_1 x_1(t) - f_2 x_2(t) - \cdots - f_n x_n(t) \tag{5.22}$$

Wird die Steuergröße $u(t)$ in die Zustandsgleichung 2.21 eingesetzt, erhält man nach Umordnung:

$$\dot{\vec{x}} = \left[\bar{A} - \vec{b}\,\vec{f}^T\right]\vec{x}(t) + \vec{b}w(t) \tag{5.23a}$$
$$y(t) = \vec{c}^T \vec{x}(t) \tag{5.23b}$$

Die Systemmatrix wird durch den Anteil der Zustandsrückführung verändert und anstelle der Steuergröße $u(t)$ tritt die Führungsgröße $w(t)$. Da die veränderte Zustandsgleichung ebenfalls in Regelungsnormalform vorliegt, liegen alle veränderten Koeffizienten auch in der letzten Zeile der Systemmatrix:

Durch Ausmultiplizieren der Matrizengleichung erhält die Systemmatrix eine neue Form und die Bezeichnung $\bar{A}_S$:

$$\bar{A} - \vec{b}\,\vec{f}^T = \begin{bmatrix} 0 & 1 & 0 & \cdots & 0 \\ 0 & 0 & 1 & \cdots & 0 \\ \vdots & \vdots & \vdots & \ddots & \vdots \\ 0 & 0 & 0 & \cdots & 1 \\ -a_0 & -a_1 & -a_2 & \cdots & -a_{n-1} \end{bmatrix} - \begin{bmatrix} 0 \\ 0 \\ \vdots \\ 0 \\ 1 \end{bmatrix} \begin{bmatrix} f_1 & f_2 & f_3 & \cdots & f_n \end{bmatrix}$$

$$\tag{5.24}$$

$$\bar{A} - \vec{b}\,\vec{f}^T = \begin{bmatrix} 0 & 1 & 0 & \cdots & 0 \\ 0 & 0 & 1 & \cdots & 0 \\ \vdots & \vdots & \vdots & \ddots & \vdots \\ 0 & 0 & 0 & \cdots & 1 \\ -(a_0 + f_1) & -(a_1 + f_2) & -(a_2 + f_3) & \cdots & -(a_{n-1} + f_n) \end{bmatrix} = \bar{A}_S$$

$$(5.25)$$

Die Elemente des Rückführvektors können durch das **Verfahren der Polvorgabe** festgelegt werden. Sollen die Pole des gewünschten Systems bei $q_1, q_2, q_3, \ldots, q_n$ liegen, lässt sich daraus folgende charakteristische **Wunschgleichung** bilden:

$$N(s) = (s - q_1)(s - q_2)(s - q_3)\cdots(s - q_n)$$
$$= s^n + p_{n-1}s^{n-1} + p_{n-2}s^{n-2} + \cdots + p_1 s + p_0 \qquad (5.26)$$

Setzt man dieses Polynom mit dem charakteristischen Polynom (5.25) gleich, lassen sich durch Koeffizientenvergleich die Elemente des Reglers berechnen:

$$\det\left[s\bar{E} - \left[\bar{A} - \vec{b}\,\vec{f}^T\right]\right] = s^n + (a_{n-1} + f_n)s^{n-1} + \ldots + (a_1 + f_2)s + (a_0 + f_1)$$
$$= s^n + p_{n-1}s^{n-1} + p_{n-2}s^{n-2} + \cdots + p_1 s + p_0 = 0$$

$$(5.27)$$

Der Vergleich liefert die **Elemente des Reglervektors**:

$$(a_0 + f_1) = p_0 \Rightarrow f_1 = p_0 - a_0$$
$$(a_1 + f_2) = p_1 \Rightarrow f_2 = p_1 - a_1$$

$$\vdots$$

$$(a_{n-1} + f_n) = p_{n-1} \Rightarrow f_n = p_{n-1} - a_{n-1} \qquad (5.28)$$

Die Elemente des Reglervektors sind gerade die Differenz zwischen den Koeffizienten des gewünschten charakteristischen Polynoms und denen des ursprünglichen offenen Kreises:

$$\Rightarrow f_i = p_{i-1} - a_{i-1} \quad (i = 1, 2, \ldots, n) \qquad (5.29)$$

Die Ergebnissen aus (5.27) als Vektor geschrieben:

$$\vec{f}^T = \begin{bmatrix} f_1 & f_2 & f_3 & \cdots & f_n \end{bmatrix} \qquad (5.30)$$

5.2.4 Dimensionierung eines Zustandsreglers für eine I-T$_1$-Strecke

Um den Einfluss der Pollage zu zeigen, wird ein Speicherglied mit variabler Zeitkonstante gewählt. Die Übertragungsfunktion der Strecke ohne Ausgleich sei:

$$G(s) = \frac{K_I}{s} \frac{1}{1 + T_1 s}, \quad T_1 > 0, K_I > 0 \tag{5.31}$$

1. Die Pole der Übertragungsfunktion

Im ersten Schritt wird das Nennerpolynom in eine normierte Form umgeschrieben:

$$G(s) = \frac{K_I}{T_1} \frac{1}{s^2 + s/T_1 + 0} = \frac{y(s)}{u(s)} \tag{5.32}$$

Die Koeffizienten des Nennerpolynoms sind:

$$a_0 = 0$$
$$a_1 = 1/T_1 \tag{5.33}$$

Die Pole der Übertragungsfunktion bzw. die Nullstellen des Nenners sind negativ:

$$s_1 = 0$$
$$s_2 = -1/T_1 \tag{5.34}$$

Die Differenzialgleichung ergibt sich aus der Übertragungsfunktion durch Rücktransformation:

$$\ddot{y} + \frac{1}{T_1} \dot{y} = b_0 u(t), \quad \text{mit} \quad b_0 = \frac{K_I}{T_1} \tag{5.35}$$

Da das konstante Glied a_0 in der Differenzialgleichung null ist, liegt eine instabile Strecke vor. Die Gewichtsfunktion verweist auf diesen Sachverhalt:

$$\lim_{t \to \infty} \mathcal{L}^{-1} \left\{ \frac{K_I}{s + s^2 T_1} \right\} \tag{5.36}$$

$$= K_I \lim_{t \to \infty} \left(1 - e^{-\frac{t}{T_1}} \right) \tag{5.37}$$

$$= K_I \tag{5.38}$$

Die Sprungantwort hat deshalb auch den entsprechenden Verlauf:

$$\frac{y(t)}{u_0} = \frac{K_I}{T_1} \mathcal{L}^{-1} \left\{ \frac{1}{s^2} \frac{1}{(s + 1/T_1)} \right\} \tag{5.39}$$

Die Sprungantwort im Zeitbereich:

$$\frac{y(t)}{u_0} = K_I T_1 \left[e^{-\frac{t}{T_1}} - 1 + \frac{t}{T_1} \right] \tag{5.40}$$

2. Aufstellen der Zustandsgleichungen

Die Berechnung erfolgt in zwei Schritten:

a) Der Faktor b_0 in der Störfunktion von (5.35) sei $b_0 = 1$.
   Mit der Substitution $y(t) = x_1(t)$ werden:

$$\begin{aligned} \dot{y} = \dot{x}_1 = {} & x_2(t) \\ \ddot{y} = \dot{x}_2 = {} & -\frac{1}{T_1} x_2(t) + u(t) \end{aligned} \tag{5.41}$$

In die Vektor/Matrizenschreibweise gebracht:

$$\vec{\dot{x}} = \begin{bmatrix} 0 & 1 \\ 0 & -\frac{1}{T_1} \end{bmatrix} \vec{x}_2(t) + \begin{bmatrix} 0 \\ 1 \end{bmatrix} u(t) \tag{5.42}$$

Die Systemmatrix $\bar{A}$ liegt in Regelungsnormalform vor.

b) Die Berücksichtigung des Verstärkungsfaktors b_0 erfolgt in der Ausgangsgleichung:

$$y(t) = \begin{bmatrix} \frac{K_I}{T_1} & 0 \end{bmatrix} \vec{x}(t) = \frac{K_I}{T_1} x_1(t) \tag{5.43}$$

3. Zustandssteuerbarkeit und Beobachtbarkeit

$$(3.1) \Rightarrow \text{Rang} \begin{bmatrix} \vec{b} & \bar{A}\vec{b} \end{bmatrix} = n = \text{Ordnung des Systems}$$

$$\Rightarrow \text{Rang} \begin{bmatrix} 0 & 1 \\ 1 & -\frac{1}{T_1} \end{bmatrix} = 2, \quad \text{da} \quad D_2 \neq 0 \tag{5.44}$$

$\Rightarrow$ Das System ist zustandssteuerbar!

$$(3.3) \Rightarrow \text{Rang} \begin{bmatrix} \vec{c} & \bar{A}^T \vec{c} \end{bmatrix} = n$$

$$\Rightarrow \text{Rang} \begin{bmatrix} \frac{K_I}{T_1} & 0 \\ 0 & \frac{K_I}{T_1} \end{bmatrix} = 2, \quad \text{da} \quad D_2 \neq 0 \tag{5.45}$$

$\Rightarrow$ Das System ist beobachtbar!

4. Wahl der gewünschten Pole und Berechnen des Reglervektors

Die Pole des geregelten Systems sollen konjugiert komplex sein:

$$q_{1/2} = -1,5 \pm j$$

Mit diesen Angaben kann das charakteristische Wunschpolynom berechnet werden:

$$N(s) = (s - q_1)(s - q_2)$$
$$= s^2 + 3s + 3,25$$

Die Koeffizienten für den Polynomvergleich sind:

$$p_0 = 3,25$$
$$p_1 = 3$$

Aus (5.29) folgen die Elemente des Reglervektors:

$$f_1 = p_0 - a_0 = 3,25 - 0 = 3,25$$
$$f_2 = p_1 - a_1 = (3 - 1/T_1)$$

Der Reglervektor (5.30) hat damit die Elemente:

$$f^T = \begin{bmatrix} 3,25 & 3 - 1/T_1 \end{bmatrix}$$

5. Berechnung des Vorfilters

Im Zustandsregelkreis findet kein unmittelbarer Soll-Ist-Vergleich wie im Standardregelkreis statt. Deshalb erfolgt im stationären Zustand der Angleich der Führungsgröße an die Ausgangsgröße durch ein vorgeschaltetes Proportionalglied, bei Mehrgrößensystemen durch ein Vorfilter:

$$(5.21) \Rightarrow v = \left[\vec{c}^T \left(\vec{b}\, \vec{f}^T - \bar{A} \right)^{-1} \vec{b} \right]^{-1}$$

$$= \left[\left(\tfrac{K_I}{T_1} \quad 0 \right) \frac{1}{3,25} \begin{bmatrix} 3 & 1 \\ -3,25 & 0 \end{bmatrix} \begin{bmatrix} 0 \\ 1 \end{bmatrix} \right]^{-1}$$

$$= \left[\left(\tfrac{K_I}{T_1} \quad 0 \right) \frac{1}{3,25} \begin{bmatrix} 1 \\ 0 \end{bmatrix} \right]^{-1}$$

$$= \left[\frac{K_I}{T_1} \frac{1}{3,25} \right]^{-1}$$

$$= 3,25 \frac{T_1}{K_I} \tag{5.46}$$

6. Das Blockschaltbild des Regelkreises

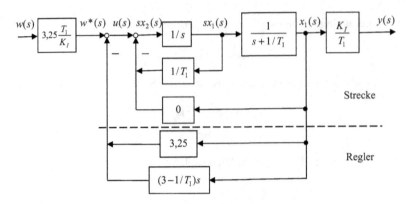

Abb. 5.7 Das Blockschaltbild des Zustandsregelkreises für eine I-T_1-Strecke mit Zustandsregler

7. Die Übertragungsfunktion des Regelkreises

Um die Übertragungsfunktion $G(s) = \frac{y(s)}{w(s)}$ des Regelkreises zu berechnen, bietet sich ein vereinfachtes Blockschaltbild an (Abb. 5.8).

Ist $G_S(s)$ die Streckenübertragungsfunktion und $G_R(s)$ die Reglerübertragungsfunktion, dann lässt sich aus dem Bild entnehmen:

$$y(s) = b_0 x_1(s) \tag{5.47}$$

$$= b_0 u(s) G_S(s) \tag{5.48}$$

$$= b_0 v G_S(s) \frac{w(s)}{1 + G_R(s) G_S(s)} \tag{5.49}$$

Wird die Gleichung umgestellt und die Ausgangsgröße auf die Führungsgröße bezogen, erhält man die Führungsübertragungsfunktion. Die Rückführung der Ausgangsgrößen des

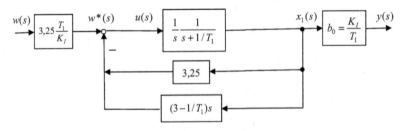

Abb. 5.8 Vereinfachtes Blockschaltbild des Zustandsregelkreises

Reglers bewirkt eine Gegenkopplung:

$$\frac{y(s)}{w(s)} = b_0 v \frac{G_S(s)}{1 + G_R(s)G_S(s)} \tag{5.50}$$

Mit den Funktionen $G_S(s) = \frac{1}{s}\frac{1}{s+1/T_1}$ und $G_R(s) = f_1(s) + sf_2(s) = 3{,}25 + s(3 - 1/T_1)$ in der Gl. 5.50 erlangt die Übertragungsfunktion nach Vereinfachung den Zuschnitt:

$$\frac{y(s)}{w(s)} = 3{,}25 \frac{1}{s(s + 1/T_1) + f_1 + sf_2} \tag{5.51}$$

$$= 3{,}25 \frac{1}{s^2 + 3s + 3{,}25} \tag{5.52}$$

$$= 3{,}25 \frac{1}{(s + 1{,}5)^2 + 1} \tag{5.53}$$

Für eine sprungförmige Führungsgrößenänderung $w(s) = w_0/s$ wird die Sprungantwort mit (5.53) berechnet:

$$\frac{y(t)}{w_0} = 3{,}25 \mathcal{L}^{-1}\left\{\frac{1}{s}\frac{1}{(s + 1{,}5)^2 + 1}\right\} \tag{5.54}$$

$$= \frac{3{,}25}{3{,}25} \mathcal{L}^{-1}\left\{\frac{1}{s} - \frac{3 + s}{(s + 1{,}5)^2 + 1}\right\} \tag{5.55}$$

$$= 1 - 1{,}5e^{-1{,}5t} \sin t - e^{-1{,}5t} \cos t \neq f(T_1) \tag{5.56}$$

Durch den Regelungsvorgang wird der Streckenpol $1/T_1$ von dem Regler kompensiert. Die Sprungantwort hängt demnach nicht von dem Pol der Strecke ab. Er macht sich allerdings bei unterschiedlichen Pollagen der Strecke bei der Steuergröße bemerkbar (vgl. Abb. 5.3).

Der stationäre Wert wird mit dem Grenzwertsatz im Bildbereich ermittelt, Es zeigt sich, dass der Sollwert im stationären Zustand exakt erreicht wird:

$$\frac{y(t \to \infty)}{w_0} = 3{,}25 \lim_{s \to 0} s \frac{1}{s} \frac{1}{s^2 + 3s + 3{,}25} = 1 \tag{5.57}$$

Aus der Abb. 5.7 kann die Gleichung zur Berechnung der Steuergröße entnommen werden:

$$u(s) = vw(s) - u(s)G_S(s)G_R(s) \tag{5.58}$$

Hieraus folgt nach Umordnung der auf die Führungsgröße bezogene Ausdruck:

$$\frac{u(s)}{w(s)} = v \frac{1}{1 + G_S(s)G_R(s)} \tag{5.59}$$

Werden die Strecken- und die Reglerübertragungsfunktion in (5.59) eingesetzt, ergibt sich:

$$\frac{u(s)}{w(s)} = v\,\frac{s(s+1/T_1)}{s^2 + s\,(1/T_1 + f_2) + f_1} \tag{5.60}$$

Die Steuergröße im geregelten System wird mit dieser Gleichung:

$$\frac{u(s)}{w_0} = \frac{1}{s}v\,\frac{s(s+1/T_1)}{(s+1,5)^2 + 1} \tag{5.61}$$

$$\frac{u(t)}{w_0} = 3{,}25\frac{T_1}{K_I}e^{-1,5t}\,[\cos t + (1/T_1 - 1{,}5)\sin t] \tag{5.62}$$

Die Gleichung enthält als Parameter die Zeitkonstante T_1 der Strecke. Für die beiden Werte $T_1 \in \{1; 2\}$ s sind die Steuergrößen c) und d) in Abb. 5.9 aufgetragen. Der stationäre Wert geht unabhängig vom Parameterwert auf den Ausgangswert zurück, wie sich mit Hilfe des Grenzwertsatzes zeigen lässt. Damit ist die Integration durch den im Kreis vorhandenen I-Anteil der Strecke abgeschlossen. Die Sprungantwort hat ihren stationären Wert erreicht.

$$\frac{u\,(\infty)}{w_0} = \lim_{s\to 0} s\frac{1}{s}\,\frac{s\,(s+1/T_1)}{(s+1{,}5)^2 + 1} = 0 \tag{5.63}$$

Bei einer Strecken-Zeitkonstanten von $T_1 = 1$ s ist eine Steuergröße, entsprechend Gl. 5.62, nach Kurve c) erforderlich. Bei einer verdoppelten Zeitkonstante der Strecke, z. B. $T_1 = 2$ s, (der Pol rückt näher zur imaginären Achse), ergäbe sich die Kurve d), eine erheblich vergrößerte Dynamik im geregelten System.

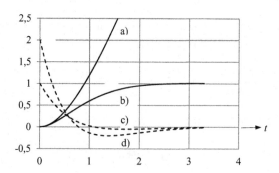

Abb. 5.9 Das dynamische Verhalten des Regelkreises
a) Sprungantwort $y(t)/u_0$ des ungeregelten Systems (5.40), gewählt $K_I = 3{,}25\,\text{s}^{-1}$; $T_1 = 1$ s;
b) Sprungantwort $y(t)/w_0$ des geregelten Systems (5.56), $b_0v = 3{,}25$;
c) Steuergröße $u(t)/w_0$ (5.62), $T_1 = 1$ s; $K_I = 3{,}25\,\text{s}^{-1}$;
d) Steuergröße $u(t)/w_0$ (5.62), $T_1 = 2$ s; $K_I = 3{,}25\,\text{s}^{-1}$

8. Linksverschiebung eines Poles

Um die Dynamik des Systems zu erhöhen, können die Pole für das zu regelnde Systems weiter links in der s-Ebene angesiedelt werden, z. B.:

$$q_{1/2} = -2,5 \pm j \tag{5.64}$$

Die Elemente des Reglervektors sind in diesem Falle:

$$f_1 = 7,25$$
$$f_2 = 5 - 1/T_1 \tag{5.65}$$

Für die Kreisverstärkung erhält man einen Wert von

$$v = 7,25\frac{T_1}{K_I} \tag{5.66}$$

Die Übertragungsfunktion des neuen Systems lautet:

$$\frac{y(s)}{w(s)} = 7,25\frac{1}{s^2 + 5s + 7,25} \tag{5.67}$$

Die Rücktransformation ergibt die Sprungantwort im Zeitbereich:

$$\frac{y(t)}{w_0} = 1 - 2,5e^{-2,5t}\sin t - e^{-2,5t}\cos t \tag{5.68}$$

Nach (5.59) wird die zugehörige Steuergröße berechnet:

$$\frac{u(t)}{w_0} = 7,25\frac{T_1}{K_I}e^{-2,5t}\left[\cos t + (1/T_1 - 2,5)\sin t\right] \tag{5.69}$$

Die Linksverschiebung eines Poles bewirkt einerseits eine schnellere Regelung, andererseits führt dies aber zu einer stärkeren Belastung der Stellgröße.

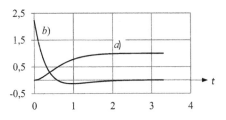

Abb. 5.10 Auswirkung einer Linksverschiebung von Polen
a) Sprungantwort $y(t)/w_0$ eines Systems mit den Polen $a_{1/2} = -2,5 \pm j$
b) Steuergröße $u(t)/w_0$ nach Polverschiebung, $K_I = 3,25\,\text{s}^{-1}$, $T_1 = 1\,\text{s}$, $v = 2,23\,\text{s}^2$

9. Änderung der Dämpfung

Wir wählen ein Polpaar mit dem bisherigen Realteil aber vergrößerter Dämpfung (vgl. *sinus Engineering* [3], z. B.):

$$q_{1/2} = -1,5 \pm 2j \tag{5.70}$$

Hierfür berechnet sich ein Reglervektor mit den Elementen

$$\vec{f}^T = \left(6,25 \quad 3 - 1/T\right) \tag{5.71}$$

Der Wert für das Vorfilter ist:

$$v = 6,25\frac{T_1}{K_I} \tag{5.72}$$

Die Sprungantwort ist ebenfalls nicht von T_1 abhängig:

$$\frac{y(t)}{w_0} = 1 - e^{-1,5t}\cos 2t - 0,75e^{-1,5t}\sin 2t \tag{5.73}$$

Für die Steuergröße gilt:

$$\frac{u(t)}{w_0} = 6,25\frac{T_1}{K_I}e^{-1,5t}\left[\cos 2t + 0,5\left(\frac{1}{T_1} - 1,5\right)\sin 2t\right] \tag{5.74}$$

Der Verlauf der Funktion ist in der folgenden Abb. 5.11 dargestellt. Die Steuergröße beginnt sprungförmig mit einer Sprungamplitude von $6,25T_1/K_I = 1,9231\,\text{s}^2$ und ist nach etwa 3,5 Zeiteinheiten wieder auf den Ausgangswert zurückgefallen. Die Regelgröße hat ab diesem Zeitpunkt ihren stationären Wert erreicht.

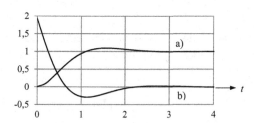

Abb. 5.11 Auswirkung einer Dämpfungsänderung
a) Sprungantwort $y(t)/w_0$ eines Systems mit den Polen $a_{1/2} = -1,5 \pm 2j$
b) Steuergröße $u(t)/w_0$ nach Dämpfungsänderung, $K_I = 3,25\,\text{s}^{-1}$, $T_1 = 1\,\text{s}$, $v = 1,9231\,\text{s}^2$

5.2.5 Polvorgabe bei nicht Regelungsnormalformen

Liegt eine Zustandsgleichung nicht in Regelungsnormalform vor, wird diese zunächst durch eine Matrizentransformation in eine Regelungsnormalform überführt. Danach lassen sich bei der Polvorgabe die Vorteile, die das Rechnen auf der Basis der Regelungsnormalform bietet, auch für solche Systeme nutzen. Im ersten Schritt werden die Zustandsgleichungen entsprechend (3.4) transformiert:

$$\vec{x}_R(t) = \bar{T}\vec{x}(t) \;\Leftrightarrow\; \bar{T}^{-1}\vec{x}_R(t) = \vec{x}(t)$$

$\vec{x}_R(t)$ ist der Zustandsvektor in Regelungsnormalform, $\bar{T}$ die Transformationsmatrix (3.8) und $\vec{x}(t)$ der Zustandsvektor des Ausgangssystems, das nicht in Regelungsnormalform vorliegt. Den Weg einer Polvorgabe bei nicht in Regelungsnormalform vorliegenden Systemen zeigt das folgende Beispiel. Wir benutzten dabei die in (3.9) zusammengestellten Formeln und stützen uns auf das Beispiel 3.2.

Beispiel 5.3
Polvorgabe bei nicht in Regelungsnormalform vorliegenden Systemen
Das Ausgangssystem liegt nicht in Regelungsnormalform vor:

$$\dot{\vec{x}} = \begin{bmatrix} -1 & 1 \\ 0 & -1 \end{bmatrix} \vec{x}(t) + \begin{bmatrix} 0 \\ 1 \end{bmatrix} u(t), \quad \vec{x}(0) = \vec{0} \tag{5.75}$$

$$y(t) = \begin{bmatrix} 1 & 0 \end{bmatrix} \vec{x}(t) \tag{5.76}$$

Die Transformationsmatrix berechnet sich nach (3.8) zu:

$$\bar{T} = \begin{bmatrix} 1 & 0 \\ -1 & 1 \end{bmatrix} \tag{5.77}$$

Das mit (3.9) in die Regelungsnormalform transformierte System lautet:

$$\dot{\vec{x}}_R = \begin{bmatrix} 0 & 1 \\ -1 & -2 \end{bmatrix} \vec{x}_R(t) + \begin{bmatrix} 0 \\ 1 \end{bmatrix} u(t)$$

$$y(t) = \begin{bmatrix} 1 & 0 \end{bmatrix} \vec{x}_R(t) = x_{R1}(t) \tag{5.78}$$

Als Pole werden gewählt:

$$q_1 = -1 \quad \text{und} \quad q_2 = -2 \tag{5.79}$$

Hieraus ergibt sich die charakteristische Wunschgleichung:

$$\begin{aligned} N(s) &= (s - q_1)(s - q_2) \\ &= (s + 1)(s + 2) \\ &= s^2 + 3s + 2 \end{aligned} \tag{5.80}$$

Abb. 5.12 Blockschaltbild des Zustandsregelkreises

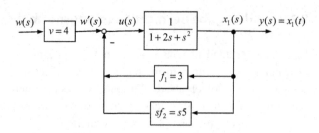

Mit den beiden Koeffizienten $p_0 = 2$ und $p_1 = 3$ können die Elemente des Zustandsreglers berechnet werden:

$$f_1 = p_0 - q_0 = 2 + 1 = 3 \tag{5.81}$$
$$f_2 = p_1 - q_1 = 3 + 2 = 5 \tag{5.82}$$

Den Zustandsregler vektoriell geschrieben:

$$\vec{f}^T = \begin{bmatrix} 3 & 5 \end{bmatrix} \tag{5.83}$$

Das Vorfilter berechnet man nach (5.10):

$$\bar{V} = \left[\vec{c}^T \left(\vec{b}\, \vec{f}^T - \bar{A} \right)^{-1} \vec{b} \right]^{-1}$$
$$= \left[\begin{bmatrix} (1 & 0) \end{bmatrix} \frac{1}{4} \begin{bmatrix} 7 & 1 \\ -4 & 0 \end{bmatrix} \begin{bmatrix} 0 \\ 1 \end{bmatrix} \right]^{-1} = 4 \tag{5.84}$$

Die Sprungantwort lässt sich aus dem vereinfachten Blockschaltbild (Abb. 5.12) leicht ermitteln:

Aus der Abb. 5.12 folgen:

$$u(s) = w(s)v - x_1(f_1 + s f_2) \tag{5.85}$$
$$x_1(s) = u(s) \frac{1}{s^2 + 2s + 1} \tag{5.86}$$
$$y(s) = x_1(s) \tag{5.87}$$

Mit diesen Ausdrücken kann die Ausgangsgröße durch Rücktransformation berechnet werden:

$$y(s) = w(s)v \frac{1}{s^2 + 7s + 4} \tag{5.88}$$

Eine weitere Möglichkeit, die Ausgangsgröße unmittelbar zu berechnen, bietet die Gl. 5.50:

Für eine sprungförmige Eingangsgrößenänderung und dem berechneten Wert des Vorfilters $v = 4$ liefert die Partialbruchzerlegung:

$$\frac{y(s)}{4w_0} = \frac{1}{s} \frac{1}{s^2 + 7s + 4}$$

$$= \frac{1}{4}\left[\frac{1}{s} - \frac{s + 7}{(s + 3,5)^2 - 8,25}\right]$$

$$= \frac{1}{4}\left[\frac{1}{s} - \frac{s + 3,5}{(s + 3,5)^2 - 8,25} - \frac{3,5}{2,87}\frac{1}{(s + 3,5)^2 - 8,25}\right] \quad (5.89)$$

Zurücktransformiert in den Zeitbereich ergeben sich hyperbolische Funktionsanteile bei den Korrespondenzen, *Spiegel, R. M.* [5]:

$$\frac{y(t)}{w_0} = \sigma(t) - e^{-3,5t}\cosh 2,87t - 1,21 e^{-3,5t}\sinh 2,87t \quad (5.90)$$

Der Verlauf der Sprungantwort ist in Abb. 5.13 dargestellt. Der Anfangswert und der Endwert können im Bildbereich mit dem Anfangswertsatz und mit dem Endwertsatz oder direkt im Zeitbereich berechnet werden:

$$\frac{y(0)}{w_0} = 0 \quad \text{und} \quad (5.91a)$$

$$\frac{y(t \rightarrow \infty)}{w_0} = 1 \quad (5.91b)$$

Die Zustandsgröße $x_2(t)$ ergibt sich bei Systemen, die in Regelungsnormalform vorliegen, durch Differenziation:

$$\frac{x_2(t)}{w_0} = \frac{\dot{x}_1}{w_0} = 1,39 e^{-3,5t}\sinh 2,87t \quad (5.92)$$

Die Zustandsgröße ist in Abb. 5.13 skizziert.

Mit (5.85) oder (5.59) kann die Steuergröße berechnet werden:

$$\frac{u(s)}{w_0} = 4\frac{1}{s}\frac{s^2 + 2s + 1}{s^2 + 7s + 4}$$

$$= 4\frac{s}{(s + 3,5)^2 - 8,25} + 8\frac{1}{(s + 3,5)^2 - 8,25} + 4\frac{1}{s}\frac{1}{(s + 3,5)^2 - 8,25} \quad (5.93)$$

$$\frac{u(t)}{w_0} = 1 + 3 e^{-3,5t}\cosh 2,87t + 0,34 e^{-3,5t}\sinh 2,87t \quad (5.94)$$

In Abb. 5.13 ist die Funktion (5.94) dargestellt. Sie beginnt mit einer Amplitude von $\frac{u(0)}{w_0} = 4$ und verläuft asymptotisch auf den Wert $\frac{u(\infty)}{w_0} = 1$.

∎

Abb. 5.13 Sprungantworten
des geregelten Systems
Steuergröße $u(t)/w_0$
Führungssprungantwort
$y(t)/w_0$
Zustandsgröße $x_2(t)/w_0$

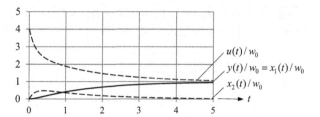

5.2.6   Die Regelung mittels Ausgangsrückführung

Scheint der Aufwand bei der Erfassung der Zustandsgrößen zu groß zu sein, steht für
den Entwurf eines Reglers nur die Ausgangsgröße zur Verfügung. In diesem Falle spricht
man von **Ausgangsrückführung**. Die Zustandsgrößen werden bei dieser Lösung nicht
benutzt, was eine Regelung mit Ausgangsrückführung gegenüber einer solchen mit Zustandsrückführung unter Umständen etwas träger erscheinen lässt. Die Regelgröße $y(t)$,
die Ausgangsgröße des Systems, wird zu einem Soll-Ist-Vergleich zurückgeführt. In Anlehnung an Abb. 5.5 erhält man das Blockschaltbild für ein System mit Ausgangsrückführung (Abb. 5.14).

Die Durchgangsmatrix sei eine Nullmatrix und der Anfangsvektor ein Nullvektor.

Aus dem Bild folgen die angepassten Zustandsgleichungen:

$$(2.32) \Rightarrow \dot{x} = \bar{A}\vec{x}(t) + \bar{B}u(t)$$

$$= (\bar{A} - \bar{B}\bar{F}'\bar{C})\vec{x}(t) + \bar{B}\bar{V}\vec{w}(t) \tag{5.95}$$

$$\vec{y}(t) = \bar{C}\vec{x}(t) \tag{5.96}$$

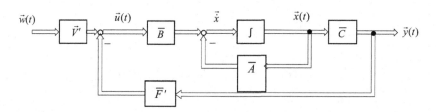

Abb. 5.14 Zustandsregelkreis mit Ausgangsrückführung
$\vec{V}'$ Vorfilter zum Angleich der Regelgröße an den Sollwert im stationären Zustand
$\bar{B}$ Eingangsmatrix
$\bar{A}$ Systemmatrix
$\bar{C}$ Ausgangsmatrix
$\bar{F}'$ Zustandsregler bei Ausgangsrückführung

Beispiel 5.4

Die Regelung eines Systems in Zustandsbeschreibung mittels Ausgangsrückführung. Gewählt für das Beispiel wird eine Streckenübertragungsfunktion erster Ordnung:

$$G_S(s) = \frac{K_S}{1 + sT_1}, \quad \text{mit} \quad K_S > 0,\ T_1 > 0 \tag{5.97}$$

Die Übertragungsfunktion wird umgeschrieben in die Zustandsform:

$$\dot{x} = -\frac{1}{T_1}x(t) + \frac{K_S}{T_1}u(t) \tag{5.98}$$

$$y(t) = x(t) \tag{5.99}$$

Aus der Zustandsform lässt sich entnehmen:

$$\text{Systemmatrix } \bar{A} = \left[-\frac{1}{T_1}\right], \quad a = -\frac{1}{T_1} \tag{5.100}$$

$$\text{Eingangsvektor } \vec{b} = \left[\frac{K_S}{T_1}\right], \quad b = \frac{K_S}{T_1} \tag{5.101}$$

$$\text{Ausgangsvektor } \vec{c}^{\,T} = [1], \quad c = 1 \tag{5.102}$$

Mit diesen Angaben wird das vereinfachte Blockschaltbild (Abb. 5.15) gebildet.

Das Berechnen des Vorfilters: Im Zustandsmodell für eine Zustandsregelung (vgl. Abb. 5.5) erfolgt der Abgriff vom Hauptzweig für die Rückführung **vor** der Ausgangsmatrix $\bar{C}$. Bei der Ausgangsrückführung geschieht dies **nach** der Ausgangsmatrix, (vgl. Abb. 5.15). Die Matrix muss deshalb in der Berechnung des Vorfilters berücksichtigt werden.

Im stationären Zustand soll gelten: $\dot{\vec{x}} = \vec{0}$, $\vec{y}(t) = \vec{w}$.

$$\Rightarrow \vec{0} = \left(\bar{A} - \bar{B}\bar{F}\bar{C}\right)\vec{x}(t) + \bar{B}\bar{V}\vec{w}(t) \tag{5.103}$$

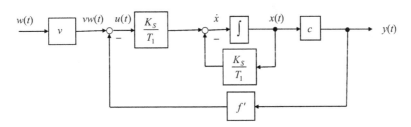

Abb. 5.15 Zustandsregelkreis für ein System erster Ordnung mit Ausgangsrückführung
f' Zustandsregler
v Vorfilter

Die Gleichung nach dem Zustandsvektor umgestellt:

$$\Rightarrow \vec{x}(t) = \left(\bar{B}\,\bar{F}\,\bar{C} - \bar{A}\right)^{-1}\bar{B}\,\bar{V}\,\vec{w}(t) \tag{5.104}$$

Mit der Bedingung für den stationären Zustand erhält man:

$$\vec{y} = \vec{w} = \bar{C}\underbrace{\left(\bar{B}\,\bar{F}\,\bar{C} - \bar{A}\right)^{-1}\bar{B}\,\bar{V}}_{\bar{E}}\vec{w}(t) \tag{5.105}$$

Aus dem Ausdruck für die Einheitsmatrix folgt die Formel für das **Vorfilter bei Ausgangsrückführung**:

$$\bar{V} = \left[\bar{C}\left[\bar{B}\,\bar{F}\,\bar{C} - \bar{A}\right]^{-1}\bar{B}\right]^{-1} \tag{5.106}$$

Bei Eingrößensystemen vereinfacht sich der Ausdruck:

$$v = \left[c\left[bf'c - a\right]^{-1}b\right]^{-1} \tag{5.107}$$

Mit den Angaben im Beispiel wird das Ergebnis der Vorfilterberechnung:

$$v = \frac{1 + K_S f'c}{cK_S} \tag{5.108}$$

Mit Unterstützung von Abb. 5.15 kann die Übertragungsfunktion mühelos gefunden werden:

$$\frac{y(t)}{w(t)} = v\frac{\frac{K_S}{T_1}cF_S}{1 + f'\frac{K_S}{T_1}cF_S} \tag{5.109}$$

$$= \left(1 + K_S f'c\right)\frac{1}{1 + f'K_S c + sT_1} \tag{5.110}$$

Der Pol liegt bei $s_1 = -\frac{1 + f'K_S c}{T_1}$ in der linken Hälfte der s-Ebene. Unter den angenommenen Bedingungen liegt ein stabiles System vor. Bei Annahme von Regler $f' > 0$ kann nahezu jede Pollage erreicht werden. Die Sprungantwort ergibt sich nach Rücktransformation in den Zeitbereich:

$$\frac{y(t)}{w_0} = \left(1 - e^{-\frac{1 + f'K_S c}{T_1}t}\right) = f\left(f'\right) \tag{5.111}$$

Die Steuergröße folgt aus der Übertragungsfunktion $\frac{y(s)}{u(s)}$:

$$\frac{y(t)}{u_0} = cK_S\left(1 - e^{-\frac{t}{T_1}}\right) \tag{5.112}$$

Abb. 5.16 Sprungant-
wort und Steuergröße eines
Zustandsregelkreises bei unter-
schiedlichen Pollagen
Für die Skizze wurde gewählt:
$cK_S = 1, T_1 = 1\,\mathrm{s}$
Rückführung: $f'\varepsilon\,(1,2,3)$

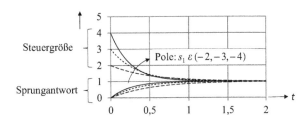

Das Beispiel zeigt, bei Eingrößensystemen ist die Ausgangsrückführung eine P-Regelung und damit vergleichbar mit einem Standardregelkreis. Die Zustandsgrößen bei Strecken höherer Ordnung gehen in die Regelung nicht ein und würden unberücksichtigt bleiben. Die Steuergröße ist nur indirekt von der Rückführung beeinflusst. Je weiter links von der imaginären Achse die Pole liegen, desto schneller ist die Regelung und umso stärker wird die Steuergröße beansprucht.

■

5.3 Übungsaufgaben

Aufgabe 5.1 Entwurf eines Zustandsreglers durch Polvorgabe. Das gewählte Eingrößen-System wird durch die folgende Übertragungsfunktion zweiter Ordnung beschrieben:

$$G(s) = \frac{y(s)}{u(s)} = \frac{4}{1 + s + 2s^2} \quad \text{mit} \quad a_0 = 1; \quad a_1 = 1; \quad a_2 = 2; \quad b_0 = 4$$

Die Dämpfungszahl ist für dieses System $D = \frac{\delta}{\omega_0} = \frac{1}{4}\sqrt{2}$. Es liegt ein schwingungsfähiges System vor! Die Schwingungsmöglichkeit soll durch den Regler beseitigt werden.

1. Die Zustandsgleichungen

Aus $G(s) = \frac{y(s)}{u(s)}$ folgt die Differenzialgleichung $2s^2 y(s) + sy(s) + y(s) = 4u(s)$.
In den Zeitbereich zurücktransformiert und normiert ergibt:

$$\ddot{y} + 0{,}5\dot{y} + 0{,}5y(t) = 2u(t) \tag{5.113}$$

Die Differenzialgleichung wird in die Zustandsform umgeschrieben:

$$\begin{aligned}
\dot{x}_1 &= & x_2(t) \\
\dot{x}_2 &= -0{,}5x_1(t) - 0{,}5x_2(t) + 2u(t)
\end{aligned} \tag{5.114}$$

$$y(t) = 2x_1(t) \tag{5.115}$$

Aus diesem System lässt sich wegen des nachgeschalteten P-Gliedes ablesen:

$$\vec{b} = \begin{bmatrix} 0 \\ 1 \end{bmatrix} \quad \text{Eingangsvektor} \tag{5.116}$$

$$\vec{c}^T = \begin{bmatrix} 2 & 0 \end{bmatrix} \quad \text{Ausgangsvektor} \tag{5.117}$$

$$\bar{A} = \begin{bmatrix} 0 & 1 \\ -0{,}5 & -0{,}5 \end{bmatrix} \quad \text{Systemmatrix}$$

$$\Rightarrow \text{Die Systemmatrix liegt in Regelungsnormalform vor!} \tag{5.118}$$

2. Zustandssteuerbarkeit, Beobachtbarkeit

$$(3.1) \Rightarrow \text{Rang}\begin{bmatrix} \vec{b} & \bar{A}\vec{b} \end{bmatrix} = n$$

$$\Rightarrow \text{Rang}\begin{bmatrix} 0 & 1 \\ 1 & -0{,}5 \end{bmatrix} = 2, \quad \text{weil } D_2 \neq 0 \Rightarrow \text{Das System ist zustandssteuerbar!}$$

$$\tag{5.119}$$

$$(3.3) \Rightarrow \text{Rang}\begin{bmatrix} \bar{C}^T & \bar{A}^T\bar{C}^T \end{bmatrix} = n$$

$$\Rightarrow \text{Rang}\begin{bmatrix} \vec{c} & \bar{A}^T\vec{c} \end{bmatrix} = n$$

$$\Rightarrow \text{Rang}\begin{bmatrix} 2 & 0 \\ 0 & 2 \end{bmatrix} = 2, \quad \text{da } D_2 \neq 0 \Rightarrow \text{Das System ist beobachtbar!} \tag{5.120}$$

3. Der Reglervektor

Als Pole, die die Schwingungsfähigkeit einschränken sollen, werden gewählt:

$$q_1 = -2$$
$$q_2 = -3 \tag{5.121}$$

Das charakteristische Wunschpolynom wird hieraus nach (5.26) gebildet:

$$N(s) = (s - q_1)(s - q_2)$$
$$= (s + 2)(s + 3)$$
$$= s^2 + 5s + 6 = 0 \tag{5.122}$$

Die Koeffizienten des Polynoms sind:

$$p_0 = 6$$
$$p_1 = 5 \tag{5.123}$$

Die Elemente des Reglervektor werden nach (5.28) berechnet:

$$f_1 = p_0 - a_0 = 6 - 1 = 5$$
$$f_2 = p_1 - a_1 = 5 - 1 = 4 \tag{5.124}$$

Der Reglervektor erhält jetzt die Besetzung:

$$\vec{f}^T = \begin{bmatrix} f_1 & f_2 \end{bmatrix} = \begin{bmatrix} 5 & 4 \end{bmatrix} \tag{5.125}$$

4. Berechnen des Vorfilters

$$
\begin{aligned}
(5.21) \Rightarrow \bar{V} &= \left[\bar{C} \left(\bar{B} \bar{F} - \bar{A} \right)^{-1} \bar{B} \right]^{-1} \\
&= \left[\vec{c}^T \left(\vec{b} \vec{f}^T - \bar{A} \right)^{-1} \vec{b} \right]^{-1} \\
&= \left[\begin{pmatrix} 2 & 0 \end{pmatrix} \left(\begin{pmatrix} 1 \\ 0 \end{pmatrix} \begin{pmatrix} 5 & 4 \end{pmatrix} - \begin{pmatrix} 0 & 1 \\ -0{,}5 & -0{,}5 \end{pmatrix} \right)^{-1} \vec{b} \right]^{-1} \\
&= \left[\begin{pmatrix} 2 & 0 \end{pmatrix} \begin{pmatrix} 0 & -1 \\ 5{,}5 & 4{,}5 \end{pmatrix}^{-1} \begin{pmatrix} 0 \\ 1 \end{pmatrix} \right]^{-1} \\
&= \frac{1}{5{,}5} \left[\begin{pmatrix} 2 & 0 \end{pmatrix} \begin{pmatrix} 4{,}5 & 1 \\ -5{,}5 & 0 \end{pmatrix} \begin{pmatrix} 0 \\ 1 \end{pmatrix} \right]^{-1} \\
v &= \frac{5{,}5}{2} \tag{5.126}
\end{aligned}
$$

Da hier ein Eingrößensystem vorliegt, ist das Vorfilter keine Matrix, sondern eine skalare Größe. Sie kann als Eingangsverstärkung aufgefasst werden.

5. Das Blockschaltbild des Regelkreises

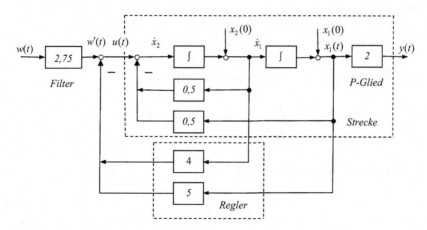

Abb. 5.17 Blockschaltbild der Regelstrecke mit angeschlossener Zustandsrückführung

6. Die Übertragungsfunktion des Regelkreises

Die Übertragungsfunktion des Reglers ergibt sich aus der Parallelschaltung der beiden Blöcke in der Rückführungsschleife:

$$G_R(s) = f_1 + s f_2 \qquad (5.127)$$

An der Vergleichstelle gilt für die Eingangsgröße der Strecke:

$$
\begin{aligned}
u(s) &= w'(s) - x_1(s)\,(f_1 + s f_2) \\
&= w'(s) - u(s)\frac{f_1 + s f_2}{0{,}5 + 0{,}5s + s^2} \qquad (5.128)
\end{aligned}
$$

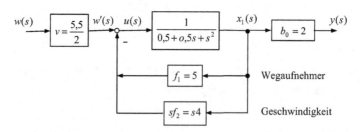

Abb. 5.18 Blockschaltbild des Regelkreises mit Vorfilter und nachgeschaltetem P-Glied zum Ermitteln der Übertragungsfunktion

Hieraus folgt die Übertragungsfunktion

$$\Rightarrow G(s) = \frac{u(s)}{w'(s)} = \frac{0{,}5 + 0{,}5s + s^2}{(0{,}5 + 5) + s\,(0{,}5 + 4) + s^2} \tag{5.129}$$

Mit der Führungsgröße $w'(s) = vw(s)$ wird die Übertragungsfunktion

$$\frac{u(s)}{w(s)} = v\frac{0{,}5 + 0{,}5s + s^2}{(0{,}5 + 5) + s\,(0{,}5 + 4) + s^2} \tag{5.130}$$

Mit $x_1(s) = u(s)\frac{1}{0{,}5+0{,}5s+s^2}$ wird die Ausgangsgröße

$$\begin{aligned}
y(s) &= 2x_1(s) \\
&= 2w(s)\frac{5{,}5}{2}\frac{1}{(0{,}5 + 5) + s\,(0{,}5 + 4) + s^2} \\
&= w(s)2\frac{2.75}{5{,}5 + 4{,}5s + s^2}
\end{aligned} \tag{5.131}$$

Die Dämpfung des geregelten Systems folgt aus den Koeffizienten des Nenners:

$$D = \frac{\delta}{\omega_0} = \frac{4{,}5}{2\sqrt{5{,}5}} = 0{,}95 \tag{5.132}$$

7. Das Sprungverhalten des geregelten Systems

Der Anfangswert des Systems ist:

$$y\,(0) = \lim_{t\to\infty} s\,\frac{w_0}{s}2\frac{2.75}{5{,}5 + 4{,}5s + s^2} = 0 \tag{5.133}$$

Der stationäre Endwert liegt bei:

$$y\,(\infty) = \lim_{t\to 0} s\,\frac{w_0}{s}2\frac{2.75}{5{,}5 + 4{,}5s + s^2} = w_0 \tag{5.134}$$

Die Sprungantwort folgt aus der Partialbruchzerlegung der Übertragungsfunktion:

$$\begin{aligned}
\frac{y(s)}{w_0} &= \frac{1}{s}\frac{5{,}5}{5{,}5 + 4{,}5s + s^2} \\
&= \frac{A}{s} + \frac{B + Cs}{5{,}5 + 4{,}5s + s^2} \\
&= \frac{1}{s} - \frac{4{,}5 + s}{5{,}5 + 4{,}5s + s^2} \\
\frac{y(s)}{w_0} &= \left[\frac{1}{s} - \frac{s + 2{,}25}{(s + 2{,}25)^2 + 0{,}4375} - \frac{2{,}25}{0{,}661}\frac{0{,}661}{(s + 2{,}25)^2 + 0{,}4375}\right]
\end{aligned} \tag{5.135}$$

In den Zeitbereich transformiert:

$$\frac{y(t)}{w_0} = \mathcal{L}^{-1}\left\{\frac{1}{s} - \frac{s+2,25}{(s+2,25)^2 + 0,4375} - 3,404\frac{0,661}{(s+2,25)^2 + 0,4375}\right\}$$

$$= \sigma(t) - e^{-2,25t}\cos 0,6614t - 3,4e^{-2,25t}\sin 0,6614t \qquad (5.136)$$

In Abb. 5.19 ist die Sprungantwort dargestellt. Sie verläuft nahezu ohne Überschwingungen auf ihren stationären Endwert, die Sprungamplitude der Führungsgröße ist w_0.

8. Berechnen der Zustandsgrößen aus der Fundamentalmatrix

Nach (4.51) ist die Fundamentalmatrix für das geregelte System:

$$\varphi(s) = \left[s\bar{E} - \bar{A}\right]^{-1}$$

$$= \begin{bmatrix} s & -1 \\ 5,5 & s+4,5 \end{bmatrix}^{-1}$$

$$= \frac{1}{5,5 + 4,5s + s^2}\begin{bmatrix} s+4,5 & 1 \\ -5,5 & s \end{bmatrix} \qquad (5.137)$$

Die Multiplikation der Fundamentalmatrix $\varphi(s)$ mit dem Eingangsvektor $\vec{b}$ und der sprungförmig verlaufenden Eingangsgröße $w'(s) = vw_0\frac{1}{s}$ liefert:

$$\varphi(s)\vec{b}w(s) = \left[s\bar{E} - \bar{A}\right]^{-1}\begin{bmatrix} 0 \\ 1 \end{bmatrix}\frac{vw_0}{s}$$

$$= \frac{1}{5,5 + 4,5s + s^2}\begin{bmatrix} 1 \\ s \end{bmatrix}\frac{vw_0}{s}$$

$$= \frac{1}{(s+2,25)^2 + 0,4375}\begin{bmatrix} 1 \\ s \end{bmatrix}\frac{vw_0}{s}$$

$$\vec{x}(s) = \begin{bmatrix} \frac{1}{(s+2,25)^2+0,4375}\frac{vw_0}{s} \\ \frac{1}{(s+2,25)^2+0,4375}vw_0 \end{bmatrix} \qquad (5.138)$$

Aus der Gleichung folgt: $x_2(s) = sx_1(s)$, eine Differenziation, was sich auch im Zeitbereich durch eine Ableitung der Zustandsgröße $x_1(t)$ nachprüfen lässt. Die komponentenweise Rücktransformation ergibt:

$$\frac{\vec{x}(t)}{w_0} = \frac{1}{w_0}\begin{bmatrix} x_1(t) \\ x_2(t) \end{bmatrix}$$

$$= \frac{1}{2}\begin{bmatrix} \sigma(t) - e^{-2,25t}\cos 0,661t - 3,4e^{-2,25t}\sin 0,661t \\ 8,31e^{-2,25t}\sin 0,661t \end{bmatrix} \qquad (5.139)$$

Abb. 5.19 Antwortfunktionen
Sprungantwort $y(t)/w_0$ des
geregelten Systems
Zustandsgrößen $x_1(t)/w_0$ und
$x_2(t)/w_0$
Steuergröße $u(t)/w_0$
w_0 Sprungamplitude der Füh-
rungsgröße

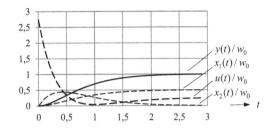

9. Berechnen der Steuerfunktion

Die beiden Funktionen sind in der Abb. 5.19 dargestellt. Der Anfangsvektor ist $\vec{x}(0) = \begin{bmatrix} 0 \\ 0 \end{bmatrix} w_0$, der stationäre Endvektor $\vec{x}(\infty) = \begin{bmatrix} 0,5 \\ 0 \end{bmatrix} w_0$.

Die Steuerfunktion wird aus der Übertragungsfunktion (5.36) berechnet:

$$u(s) = w(s)v\frac{0,5 + 0,5s + s^2}{5,5 + 4,5s + s^2}$$

$$\frac{u(s)}{w_0 v} = 0,5\frac{1}{s}\frac{1}{5,5 + 4,5s + s^2} + 0,5\frac{1}{5,5 + 4,5s + s^2} + \frac{s}{5,5 + 4,5s + s^2}$$

Mit der skalaren Größe $v = 2,75$ wird die Steuerfunktion:

$$\frac{u(t)}{w_0} = 0,25\sigma(t) + 2,5e^{-2,25t}\cos 0,661t - 6,42e^{-2,25t}\sin 0,661t \tag{5.140}$$

Der Anfangswert der Steuerfunktion liegt bei $u(0) = 2,75w_0$, ein für die Regelstrecke unter Umständen zu sehr belastender Eingangssprung, der stationäre Endwert bei $0,25w_0$. Der Kurvenverlauf ist ebenfalls in der Abb. 5.19 eingetragen.

∎

Aufgabe 5.2 Für eine Strecke zweiter Ordnung mit einer Dämpfungszahl $D < 1$ soll so ein Zustandsregler entworfen werden, dass keine Schwingungen auftreten können. Die Übertragungsfunktion der zu regelnden Strecke lautet:

$$\frac{y(s)}{u(s)} = \frac{2}{1 + s + s^2} \quad \text{mit} \quad D = 0,5 \tag{5.141}$$

1. Berechnen der Sprungantwort

$$\frac{y(s)}{u_0} = \frac{1}{s}\frac{2}{1+s+s^2} \tag{5.142}$$

$$= 2\left[\frac{1}{s} - \frac{1+s}{1+s+s^2}\right]$$

$$= 2\left[\frac{1}{s} - \frac{1}{\sqrt{3}}\frac{\frac{\sqrt{3}}{2}}{\left(s+\frac{1}{2}\right)^2 + \frac{3}{4}} - \frac{s+\frac{1}{2}}{\left(s+\frac{1}{2}\right)^2 + \frac{3}{4}}\right]$$

$$= 2\left[1 - \frac{1}{\sqrt{3}}e^{-\frac{t}{2}}\sin\frac{\sqrt{3}}{2}t - e^{-\frac{t}{2}}\cos\frac{\sqrt{3}}{2}t\right] \tag{5.143}$$

Die grafische Darstellung der Sprungantwort erfolgt in Abb. 5.22.

2. Die Zustandsform der Strecke

Aus

$$\frac{y(s)}{u(s)} = \frac{2}{1+s+s^2}$$

folgt die Differenzialgleichung durch Rücktransformation:

$$\ddot{y} + \dot{y} + y(t) = 2u(t) \tag{5.144}$$

Einführen von Zustandsgrößen:

$$x_1(t) = y(t)$$
$$\dot{x}_1 = \dot{y} = x_2$$
$$\dot{x}_2 = \ddot{y} = -x_1(t) - x_2(t) + 2u(t) \tag{5.145}$$

Zustandsdifferenzialgleichungen und Ausgangsgleichung bilden die Zustandsgleichungen:

$$\begin{aligned}\dot{x}_1 &= & x_2(t)\\ \dot{x}_2 &= -x_1(t) - x_2(t) + u(t)\\ y(t) &= 2x_1(t)\end{aligned} \tag{5.146}$$

Die beiden ersten Zustandsdifferenzialgleichungen in (5.146) beschreiben hier das Systemverhalten unter normierten Bedingungen, die Eingangsamplitude ist mit „Eins" angenommen. Die algebraische Ausgangsgleichung aktualisiert die Ausgangsgröße durch Multiplikation der Ausgangsgröße mit einem gewünschten Wert.

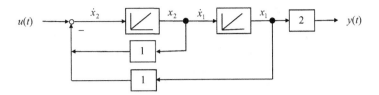

Abb. 5.20 Grafische Interpretation der Zustandsgleichungen

Das Gleichungssystem in Vektor/Matrizenform geschrieben:

$$\vec{\dot{x}} = \bar{A}\vec{x}(t) + \vec{b}u(t) = \begin{bmatrix} 0 & 1 \\ -1 & -1 \end{bmatrix} \begin{bmatrix} x_1(t) \\ x_2(t) \end{bmatrix} + \begin{bmatrix} 0 \\ 1 \end{bmatrix} u(t) \tag{5.147a}$$

$$y(t) = \vec{c}^T \vec{x}(t) = \begin{bmatrix} 2 & 0 \end{bmatrix} \begin{bmatrix} x_1(t) \\ x_2(t) \end{bmatrix} = 2x_1(t) \tag{5.147b}$$

Die Systemmatrix hat eine Regelungsnormalform! Die Gleichungen sind als Blockschaltbild in Abb. 5.20 dargestellt.

3. Berechnung der Sprungantwort aus der Zustandsbeschreibung

Die Ausgangsgleichung ist in Regelungsnormalform:

$$\vec{\dot{x}} = \begin{bmatrix} 0 & 1 \\ -1 & -1 \end{bmatrix} \vec{x}(t) + \begin{bmatrix} 0 \\ 1 \end{bmatrix} u(t) \quad \text{mit Anfangswert} \quad \vec{x}(0) = \vec{x}_0 = \begin{bmatrix} 0 \\ 0 \end{bmatrix} \tag{5.148}$$

Zunächst wird die Fundamentalmatrix $\varphi(t) = e^{\bar{A}t}$ berechnet:

a) Charakteristische Gleichung aufstellen

$$(4.19) \Rightarrow P * (s) = \left| d\bar{E} - \bar{A} \right|$$

$$= \left| \begin{pmatrix} s & 0 \\ 0 & s \end{pmatrix} - \begin{pmatrix} 0 & 1 \\ -1 & -1 \end{pmatrix} \right| = \begin{vmatrix} s & -1 \\ 1 & 1+s \end{vmatrix}$$

$$= s^2 + s + 1 = 0 \tag{5.149a}$$

$$\Rightarrow s_{1/2} = -0{,}5 \pm 0{,}5\sqrt{3}\,j \quad \text{Eigenwerte} \tag{5.149b}$$

b) Ansatz zur Berechnung der Fundamentalmatrix

$$(4.38) \Rightarrow \varphi(t) = e^{\bar{A}t} = \alpha_0(t)\bar{E} + \alpha_1(t)\bar{A}$$

$$= \begin{bmatrix} \alpha_0 & 0 \\ 0 & \alpha_0 \end{bmatrix} + \begin{bmatrix} 0 & \alpha_1 \\ -\alpha_1 & -\alpha_1 \end{bmatrix}$$

$$= \begin{bmatrix} \alpha_0 & \alpha_1 \\ -\alpha_1 & \alpha_0 - \alpha_1 \end{bmatrix} \tag{5.150}$$

c) Berechnen der Zeitfunktionen $\alpha_0(t)$, $\alpha_1(t)$

$$(4.44) \Rightarrow \begin{aligned} e^{s_1 t} &= \alpha_0 + \alpha_1 s_1 \\ e^{s_2 t} &= \alpha_0 + \alpha_1 s_2 \end{aligned}$$

$$s_1: \quad e^{(-0,5+0,5\sqrt{3}j)t} = \alpha_0 - 0,5\alpha_1 + 0,5\alpha_1\sqrt{3}j \tag{5.151a}$$

$$s_2: \quad e^{(-0,5-0,5\sqrt{3}j)t} = \alpha_0 - 0,5\alpha_1 - 0,5\alpha_1\sqrt{3}j \tag{5.151b}$$

Die Lösungen sind:

$$\alpha_0 = e^{-0,5t}\left[\cos 0,5\sqrt{3}t + \frac{1}{\sqrt{3}}\sin 0,5\sqrt{3}t\right] \tag{5.152a}$$

$$\alpha_1 = \frac{2}{\sqrt{3}}e^{-0,5t}\sin 0,5\sqrt{3}t \tag{5.152b}$$

d) Die Sprungantwort für einen Eingangssprung: $u(t) = 1, t > 0$

$$(4.26) \Rightarrow \vec{x}(t) = \varphi(t)\vec{x}_0 + \int_0^t \varphi(t-\tau)\,\bar{B}\vec{u}(\tau)\,d\tau$$

$$\varphi(t)\vec{x}_0 = \varphi(t)\begin{bmatrix} 0 \\ 0 \end{bmatrix} = \vec{0} \tag{5.153a}$$

$$\bar{B}\vec{u}(\tau) = \vec{b}u(\tau) = \begin{bmatrix} 0 \\ 1 \end{bmatrix}\cdot 1 = \begin{bmatrix} 0 \\ 1 \end{bmatrix} \tag{5.153b}$$

$$\varphi(t-\tau)\begin{bmatrix} 0 \\ 1 \end{bmatrix} = \begin{bmatrix} \alpha_0 & \alpha_1 \\ -\alpha_1 & \alpha_0 - \alpha_1 \end{bmatrix}\begin{bmatrix} 0 \\ 1 \end{bmatrix} = \begin{bmatrix} \alpha_1 \\ \alpha_0 - \alpha_1 \end{bmatrix} \tag{5.153c}$$

$$\varphi(t-\tau)\begin{bmatrix} 0 \\ 1 \end{bmatrix} = \begin{bmatrix} \frac{2}{\sqrt{3}}e^{-0,5(t-\tau)}\sin 0,5\sqrt{3}(t-\tau) \\ e^{-0,5(t-\tau)}\left[\cos 0,5\sqrt{3}(t-\tau) - \frac{1}{\sqrt{3}}\sin 0,5\sqrt{3}(t-\tau)\right] \end{bmatrix} \tag{5.153d}$$

$$\vec{x}(t) = \int\limits_0^t \begin{bmatrix} -\frac{2}{\sqrt{3}} e^{0,5(\tau-t)} \sin 0,5\sqrt{3}\,(\tau-t) \\ e^{0,5(\tau-t)} \left[\cos 0,5\sqrt{3}\,(\tau-t) + \frac{1}{\sqrt{3}} \sin 0,5\sqrt{3}\,(\tau-t) \right] \end{bmatrix} d\tau \qquad (5.154)$$

Die Integration erfolgt komponentenweise. Für die erste Komponente $x_1(t)$ im Integral erhält man nach der Integration:

$$x_1(t) = 1 - \frac{1}{\sqrt{3}} e^{-0,5t} \left[\sin 0,5\sqrt{3}t + \sqrt{3} \cos 0,5\sqrt{3}t \right] \qquad (5.155)$$

Die Ausgangsgröße ist entsprechend dem Blockschaltbild 5.19: $y(t) = 2x_1(t)$. Die zweite Komponente gewinnt man entweder durch Integration, da aber die Zustandsgleichungen in Regelungsnormalform vorliegen, lässt sich diese aber auch aus dem Substitutionsansatz $x_2(t) = \dot{x}_1$ durch Differenzieren berechnen:

$$x_2(t) = \frac{2}{\sqrt{3}} e^{-0,5t} \sin 0,5\sqrt{3}t \qquad (5.156)$$

4. Zustandssteuerbarkeit

$$(3.1) \Rightarrow \text{Rang} \left[\bar{B} | \bar{A}\bar{B} \right] = n$$

$$\Rightarrow \text{Rang} \left[\vec{b} | \bar{A}\bar{B} \right] = \text{Rang} \begin{bmatrix} 0 & 1 \\ 1 & -1 \end{bmatrix} = 2$$

$$\Rightarrow \text{zustandssteuerbar, da } D_2 \neq 0 \qquad (5.157)$$

5. Ausgangssteuerbarkeit

$$(3.2) \Rightarrow \text{Rang} \left[\bar{C}\bar{B} | \bar{C}\bar{A}\bar{B} \right] = m$$

$$\Rightarrow \text{Rang} \left[\vec{c}^T \vec{b} | \vec{c}^T \bar{A}\vec{b} \right] = \text{Rang} \begin{bmatrix} 0 & 2 \end{bmatrix} = 1$$

$$\Rightarrow \text{ausgangssteuerbar, weil } D_1^* \neq 0 \qquad (5.158)$$

6. Beobachtbarkeit

$$(3.3) \Rightarrow \text{Rang} \left[\bar{C}^T | \bar{A}^T \bar{C}^T \right] = n$$

$$\Rightarrow \text{Rang} \left[\vec{c} \quad \bar{A}^T \vec{c} \right] = \text{Rang} \begin{bmatrix} 2 & 0 \\ 0 & 2 \end{bmatrix} = 2$$

$$\Rightarrow \text{beobachtbar, weil } D_2 \neq 0 \qquad (5.159)$$

7. Berechnen des Zustandsreglers

Das Nennerpolynom $N(s) = 1 + s + s^2$ der Regelstrecke hat die Koeffizienten $a_0 = 1$, $a_1 = 1$, $a_2 = 1$. Die Pole des geregelten Systems sollen bei $q_1 = -2$ und $q_2 = -1$ liegen. Ein aperiodisches Einschwingen der Systemantwort wird angestrebt. Da die Pole in der linken Hälfte der s-Ebene liegen, ist Stabilität des Regelkreises gewährleistet.

Charakteristische Wunschgleichung:

$$(5.26) \Rightarrow N(s) = (s - q_1)\,(s - q_2) = p_0 + p_1 s + p_2 s^2$$

$$= (s + 2)(s + 1) = 2 + 3s + s^2 \tag{5.160a}$$

$$\Rightarrow p_0 = 2, \quad p_1 = 3 \tag{5.160b}$$

Ein Vergleich mit dem charakteristischen Polynom führt auf die Gleichung:

$$(5.27) \Rightarrow P(s) = (a_0 + f_1) + (a_1 + f_2)$$

$$\Rightarrow f_1 = p_0 - a_0 = 2 - 1 = 1 \tag{5.161a}$$

$$\Rightarrow f_2 = p_1 - a_1 = 3 - 1 = 2 \tag{5.161b}$$

Der Rückführungsvektor lautet demnach:

$$f^T = \begin{bmatrix} f_1 & f_2 \end{bmatrix} = \begin{bmatrix} 1 & 2 \end{bmatrix} \tag{5.162}$$

8. Berechnen des Vorfilters

$$(5.21) \Rightarrow V = \left[\bar{C} \left[\bar{B} \bar{F} - \bar{A} \right]^{-1} \bar{B} \right]^{-1}$$

Die einzelnen Vektor- und Matrizenprodukte sind:

$$\vec{b}\,\vec{f}^T = \begin{bmatrix} 0 \\ 1 \end{bmatrix} \begin{bmatrix} 1 & 2 \end{bmatrix} = \begin{bmatrix} 0 & 0 \\ 1 & 2 \end{bmatrix} \tag{5.163a}$$

$$\left[\vec{b}\,\vec{f}^T - \bar{A} \right] = \begin{bmatrix} 0 & 0 \\ 1 & 2 \end{bmatrix} - \begin{bmatrix} 0 & 1 \\ -1 & -1 \end{bmatrix} = \begin{bmatrix} 0 & -1 \\ 2 & 3 \end{bmatrix} \tag{5.163b}$$

$$\begin{bmatrix} 0 & -1 \\ 2 & 3 \end{bmatrix}^{-1} = \frac{1}{2} \begin{bmatrix} 3 & 1 \\ -2 & 0 \end{bmatrix} \tag{5.163c}$$

$$\vec{c}^T \left[\vec{b}\,\vec{f}^T - \bar{A} \right]^{-1} = \begin{bmatrix} 2 & 0 \end{bmatrix} \frac{1}{2} \begin{bmatrix} 3 & 1 \\ -2 & 0 \end{bmatrix} = \begin{bmatrix} 3 & 1 \end{bmatrix} \tag{5.163d}$$

$$\vec{c}^T \left[\vec{b}\,\vec{f}^T - \bar{A} \right]^{-1} \vec{b} = [1] \tag{5.163e}$$

$$v = [1]^{-1} = 1 \tag{5.163f}$$

9. Sprungantwort des geschlossenen Kreises mit $w(t) = 1, t > 0$

$$(5.15) \Rightarrow \dot{\vec{x}} = \left[\vec{A} - \vec{b}\,\vec{f}^T\right]\vec{x}(t) + \vec{b}vw(t)$$

Mit den Ergebnissen von oben wird die Zustandsdifferenzialgleichung des geschlossenen Kreises:

$$\dot{\vec{x}} = \begin{bmatrix} 0 & 1 \\ -2 & -3 \end{bmatrix}\vec{x}(t) + \begin{bmatrix} 0 \\ 1 \end{bmatrix}w(t) \qquad (5.164)$$

In Komponenten aufgespalten:

$$\begin{aligned}
\dot{x}_1 &= x_2(t) \\
\dot{x}_2 &= -2x_1(t) - 3x_2(t) + w(t)
\end{aligned} \qquad (5.165)$$

Der weitere Lösungsweg verläuft im Bildbereich:

$$\begin{aligned}
sx_1(s) &= x_2(s) \\
sx_2(s) &= -2x_1(s) - 3x_2(s) + w(s)
\end{aligned} \qquad (5.166)$$

$$\Rightarrow x_2(s) = \frac{1}{2 + 3s + s^2} = \frac{1}{(s+2)(s+1)}$$

$$\text{mit Dämpfungszahl} \quad D = \frac{3}{2\sqrt{2}} = 1{,}06 > 1 \qquad (5.166a)$$

$$\Rightarrow x_2(t) = e^{-t} - e^{-2t} = \dot{x}_1 \Rightarrow \text{Änderungsgeschwindigkeit} \qquad (5.167)$$

$$x_1(t) = \int\limits_0^t x_2(\tau)\,d\tau = \frac{1}{2}e^{-2t} - e^{-t} + \frac{1}{2} \qquad (5.168)$$

Damit ist für $t = 0$der Anfangswert $x_1(0) = 0$. Die Ausgangsgröße ist:

$$y(t) = 2x_1(t) = e^{-2t} - 2e^{-t} + 1 \qquad (5.169)$$

10. Der Regelkreis

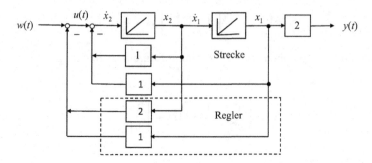

Abb. 5.21 Der geschlossenen Zustandsregelkreis

11. Die Sprungantwort des Regelkreises

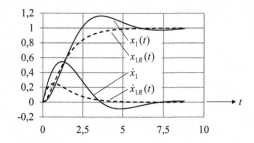

Abb. 5.22 Sprungantwort des geregelten und des ungeregelten Systems
$x_1(t)$ Sprungantwort der Strecke
$x_2(t) = \dot{x}_1$ Geschwindigkeitskomponente der Sprungantwort
$x_{1R}(t)$ Sprungantwort der geregelten Strecke
$x_{2R}(t) = \dot{x}_{1R}$ Geschwindigkeitskomponente der Sprungantwort der geregelten Strecke

■

5.4 Zusammenfassung

Im **Standardregelkreis** ist im Allgemeinen die Regelstrecke vorgegeben und je nach Anforderungen an die Dynamik des Regelkreises ein Regler gesucht. Da das dynamische Verhalten der Regelstrecke meist unveränderlich ist, lässt sich die Gesamtdynamik des geschlossenen Regelkreises nur durch entsprechende Wahl eines Reglers und dessen Parametrierung beeinflussen. Regler- und Streckenübertragungsfunktion bilden die Gesamtübertragungsfunktion des Regelkreises. Die Pole dieser Übertragungsfunktion sind ausschlaggebend für die Dynamik des Regelkreises (vgl. Abb. 5.3). Als Reglerparameter

Kreisverstärkung $K_P K_S$, **Nachstellzeit** T_n und **Vorhaltzeit** T_V stehen sie dem Anwender in der Praxis zur Verfügung. Durch Wahl eines geeigneten Gütekriterium lassen sich diese Parameter in einem Optimierungsverfahren optimal festlegen. Das führt zu einer optimalen Pollage des Regelkreises.

Die Dynamik im **Zustandsregelkreis** wird ebenfalls im Wesentlichen durch die Pollagen bestimmt. Ihre Lage wird aber auf einem anderen Weg festgelegt. Die Vorgehensweise ist in der Praxis so, dass die gewünschten Pole des geschlossenen Regelkreises vorgegeben werden und die Differenz zwischen gewünschten und gegebenen Polen berechnet wird. Man nennt deshalb dieses Verfahren auch **Polvorgabe**. Die vorgesehene Pole können reell oder auch komplex sein, aus Stabilitätsgründen müssen sie aber in der linken Hälfte der s-Ebene liegen (vgl. Abschn. 5.2.4). Die gegebenen Pole werden dann um den berechneten Differenzbetrag auf die gewünschte Position verschoben, wodurch die vorgesehene Dynamik vielleicht erzielt werden kann. Falls das Ergebnis nicht den Anforderungen entspricht, muss das Verfahren wiederholt werden. Das Verfahren der Polvorgabe läuft praktisch auf ein Iterationsverfahren hinaus. Die als optimal angesehenen Verschiebungen bilden die Reglermatrix. Die Methode der Polvorgabe ist in dieser übersichtlichen Form nur anwendbar, wenn die Zustandsbeschreibung in Regelungsnormalform vorliegt. Die Lage der Pole ist allerdings nicht beliebig, sie sollten nicht zu nahe bei der imaginären Achse liegen, da dadurch die Schwingungsgefahr angefacht wird. Je größer der Abstand zur imaginären Achse gewählt wird, desto stabiler verhält sich der Regelkreis, allerdings führt dieser Weg zu großen Stellamplituden der Steuergröße (vgl. Abb. 5.9).

Die Zustandsbeschreibung eines dynamischen Systems ist die Ausgangslage zur Entwicklung eines Konzeptes für einen Zustandsregler. Sie folgt aus der systembeschreibenden Differenzialgleichung oder aus der Übertragungsfunktion. Das zu regelnde System muss steuerbar und beobachtbar sein. Die Modellbeschreibung ist ein System von n linearen Differenzialgleichungen erster Ordnung in expliziter Form. Ergänzt wird das System durch die Ausgangsgleichung in algebraischer Form. Hinsichtlich der bei jeder Regelung vorhandenen Rückführung unterscheidet man zwischen einer **Zustandsrückführung** und einer **Ausgangsrückführung**. Bei der Zustandsrückführung werden alle Zustandsgrößen einem Netzwerk, dem **Zustandsregler,** zugeführt, das auf den Eingangs der Regelstrecke wirkt. Der Zustandsregler bewertet oder gewichtet die einzelnen Zustandsgrößen und führt die so entstandenen Produkte zur Vergleichstelle am Eingang der Regelstrecke (vgl. Abb. 5.5). Die zurückgeführten Zustandsgrößen sind jeweils Ableitungen der Zustandsgrößen. Dadurch entsteht je nach Ordnung n der Systemdifferenzialgleichung eine Regelung mit PD_{n-1}-Verhalten, die Regelung ist dadurch besonders schnell. Die Zustandsgrößen sollten möglichst vollzählig im **Zustandsvektor** gebündelt sein, nicht vorhandene oder nicht erfassbare Zustandsgrößen können aber auch in einem besonderen Verfahren in geringem Umfang anteilig statistisch geschätzt werden.

Bei dem Regelungskonzept entsteht das Problem der **statischen Genauigkeit**, es gibt keinen Gleichstand zwischen Führungsgröße und Regelgröße im stationären Zustands, weil die Ausgangsgröße nicht auf den Eingang der Regelstrecke zurückgekoppelt wird. Ein ergänzendes Vorfilter übernimmt den Gleichstand im stationären Zustand. Im Zustandsmodell ist bei Eingrößensystemen das Vorfilter ein Proportionalglied, bei Mehrgrö-ßensystemen eine Matrix.

Bei einer Ausgangsrückführung werden die Zustandsgrößen übergangen und in ei-ner Rückführung nicht berücksichtig (vgl. Abb. 5.14). Dadurch ist eine Regelung nach diesem Regelungskonzept besonders bei höherer Ordnung langsamer als jene mit Zu-standsrückführung (vgl. Abschn. 5.2.6). Trotzdem wird das Konzept der Ausgangsrück-führung angewendet, z. B. wenn Zustandsgrößen nicht oder nur mit großem Aufwand erfasst werden können. Auch bei diesem Konzept übernimmt ein Vorfilter im statischen Zustand den stationären Ausgleich (vgl. (5.106), (5.108)). Zustandsregelkreise mit einer Ausgangsrückführung sind vergleichbar mit dem Standardregelkreis. Fehlt bei diesem eine I-Komponente, muss auch hier mit einer bleibenden Regeldifferenz im stationären Zustand gerechnet werden.

Literatur

1. http://de.wikipedia.org/wiki/Zustandsraumdarstellung. Zugegriffen: 2019
2. Korn, U., Wilfert, H.-H.: Mehrgrößenregelungen, Moderne Entwurfsprinzipien im Zeit- und Fre-quenzbereich. Springer, Wien, New-York (1982)
3. Sinus Engineering: Polvorgabe 2012–2019 Copyright
4. Savaricek, F.: Moderne Methoden der Regelungstechnik. Universität der Bundeswehr, München (2011)
5. Spiegel, R.M.: LAPLACE-Transformation, Schaums's Outline. McGraw-Hill Book Company GmbH, New Delhi (2005)
6. Walter, H.: Grundkurs Reglungstechnik, 3. Aufl. Springer Vieweg, Wiesbaden (2001)

Optimieren von Regelkreisen in Zustandsbeschreibung

Beim Verfahren der Polvorgabe ist die Auswirkung auf die Stell- und Regelgröße schwer zu überblicken. Deshalb dürfte ein zugeschnittenes Optimierungsverfahren das geeignetere Mittel sein, die geplante Dynamik des geschlossenen Systems wunschgemäß zu verwirklichen. Unter Optimierung versteht man, ein zweckmäßig gewähltes Gütemaß zu minimieren. Das Gütemaß bewertet dabei

- den Zeitverlauf der Regelgröße und anderer Zustandsgrößen,
- den Zeitverlauf der Stellgröße,
- das Übergangsverhalten der Ausgangsfunktion.

Das Gütemaß kann auf unterschiedliche Weise zusammengestellt sein. In der klassischen Regelungstechnik benutzt man meistens ein quadratisches Gütekriterium, um die Reglerparameter optimal auszuwählen. Durch das Quadrieren der Regeldifferenz werden Vorzeichenprobleme beseitigt und größere Abweichungen im Kriterium stärker gewichtet.

Bei der Zustandsregelung wird nach ähnlichem Muster verfahren. Bei Eingrößensystemen nimmt man die mit dem Faktor r gewichtete Stellgröße in das Kriterium auf. Das Einschwingverhalten der Stellgröße wird dadurch beeinflusst. Je größer der Faktor r gewählt wird, desto stärker wird der Stellgrößenverlauf beschränkt. Das Einschwingverhalten der Regelgröße wird dadurch weniger eingegrenzt. Das Ergebnis der Optimierung liefert optimale Einstellregeln für einen gegebenen Regler.

Für **Eingrößensysteme** lautet das Gütefunktional in Anlehnung an das ISE-Kriterium:

$$J = \int\limits_{0}^{\infty} [y(t)qy(t) + u(t)ru(t)] \, dt \rightarrow \text{Min!} \qquad (6.1)$$

Mit

$y(t)$ Ausgangsgröße
$u(t)$ Steuergröße
q gewichtet die Ausgangsgröße
r gewichtet die Steuergröße

6.1 Optimierung eines Eingrößensystems

Wir betrachten ein System 1. Ordnung in allgemeiner Form, *Müller* [1], *Föllinger* [2].

$$G(s) = \frac{K_S}{T_1}\frac{1}{1/T_1 + s}, \quad T_1 > 0, \ K_S > 0 \tag{6.2}$$

Die Zustandsbeschreibung ist für das System:

$$\dot{x}_1 = -\frac{1}{T_1}x_1(t) + \frac{K_S}{T_1}u(t) \tag{6.3}$$

Die Zustandsdifferenzialgleichung in der umgestellten Form:

$$dx_1 = (ax_1(t) + bu(t))\,dt \tag{6.4}$$

Für das Eingrößensystem wird eine lineare Rückführung gewählt. Der Proportionalitätsfaktor f ist die zu optimierende Größe:

$$u(t) = -fx_1(t) \tag{6.5}$$

Die Steuergröße wird in die Differenzialgleichung eingesetzt, diese integriert und entlogarithmiert:

$$dx_1 = (ax_1(t) - bfx_1(t))\,dt \tag{6.6}$$

$$\frac{dx_1}{x_1(t)} = (a - bf)\,dt \tag{6.7}$$

$$x_1(t) = x_0 e^{(a-bf)t} \quad \text{mit Integrationskonstante } x_0 \tag{6.8}$$

Mit (6.8) lautet das Gütekriterium:

$$J = \int_0^\infty \left[q x_1^2(t) + r u^2(t) \right] dt \tag{6.9}$$

$$= \int_0^\infty \left(q + r f^2 \right) x_1^2(t) dt \tag{6.10}$$

$$= x_0^2 \int_0^\infty \left(q + r f^2 \right) e^{2(a - bf)t} dt \tag{6.11}$$

Der Exponent kann sowohl positiv als auch negativ sein. Das Integral kann deshalb zwei Zustände annehmen:

$$J = \to \infty \quad \text{für } a - bf > 0 \tag{6.12}$$

$$J = -x_0^2 \frac{q + r f^2}{2 (a - bf)} \quad \text{für } a - bf < 0 \tag{6.13}$$

Mit der Quotientenregel und Nullsetzen der Ableitung ergibt sich eine quadratische Gleichung für f:

$$\frac{2}{x_0^2} \frac{dJ}{df} = -\frac{2rf (a - bf) + \left(q + r f^2 \right) b}{(a - bf)^2} = 0 \tag{6.14}$$

$$f^2 - 2 \frac{a}{b} f - \frac{q}{r} = 0 \tag{6.15}$$

Nur die positive Lösung der quadratischen Gleichung ist aus Stabilitätsgründen zulässig:

$$f = \frac{a}{b} + \sqrt{\left(\frac{a}{b} \right)^2 + \frac{q}{r}} = f \left(\frac{q}{r} \right) \tag{6.16}$$

Werden die Systemgrößen a und b in die Gl. 6.16 eingesetzt, erhält man:

$$f = -\frac{1}{K_S} + \sqrt{\frac{1}{K_S^2} + \frac{q}{r}} \tag{6.17}$$

Das Blockschaltbild des optimal eingestellten Regelkreises ist in der Abb. 6.1 dargestellt. Bei gegebener Kreisverstärkung K_S und Streckenzeitkonstante T_1 bestimmen die Gewichtsfaktoren q und r die Dynamik des Regelkreises.

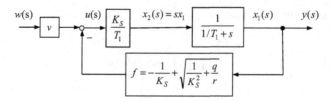

Abb. 6.1 Optimal eingestellter Zustandsregelkreis erster Ordnung

Berechnung von Sprungantwort und Stellgröße

Werden Vorfilter $v = \frac{1}{K_S}(K_S f + 1)$ und Kreisverstärkung $\frac{K_S}{T_1}$ berücksichtigt, folgt aus dem Blockschaltbild (Abb. 6.1):

$$u(s) = vw(s) - fu(s)\frac{K_S}{T_1}G_s(s) \tag{6.18}$$

Durch Umstellen der Gleichung erhält man die Übertragungsfunktion der Stellgröße:

$$\frac{u(s)}{w(s)} = v\frac{1}{1 + f\frac{K_S}{T_1}G_S(s)} \tag{6.19}$$

$$= v\frac{\frac{1}{T_1} + s}{s + \frac{1}{T_1} + f\frac{K_S}{T_1}} \tag{6.20}$$

Bei einer sprungförmigen Erregung der Führungsgröße wird die Steuergröße:

$$\frac{u(s)}{w_0(s)} = \frac{1}{K_S}(K_S f + 1)\frac{1}{s}\frac{1}{T_1}\frac{1}{s + \frac{1}{T_1}(1 + fK_S)}$$

$$+ \frac{1}{K_s}(K_S f + 1)\frac{1}{s + \frac{1}{T_1}(1 + fK_S)} \tag{6.21}$$

In den Zeitbereich transformiert und vereinfacht:

$$\frac{u(t)}{w_0} = \frac{1}{K_S}\left(1 - e^{-(1+fK_S)\frac{t}{T_1}}\right) + \frac{1}{K_S}(K_S f + 1)e^{-(1+fK_S)\frac{t}{T_1}} \tag{6.22}$$

$$\frac{u(t)}{w_0} = \frac{1}{K_S} + fe^{-(1+fK_S)\frac{t}{T_1}} \tag{6.23}$$

Der stationäre Wert der Stellgröße ist

$$\frac{u(\infty)}{w_0} = \frac{1}{K_S} \tag{6.24}$$

Die Anfangssprungamplitude liegt bei

$$\frac{u(0)}{w_0} = \frac{1}{K_S}(K_S f + 1) \tag{6.25}$$

Mit $y(s) = x_1(s)$ und der Reglerübertragungsfunktion $G_R(s) = f$ wird die Ausgangsgröße:

$$\frac{y(s)}{w(s)} = \frac{K_S}{T_1} v \frac{G_S(s)}{1 + \frac{K_S}{T_1} G_R(s) G_S(s)} \tag{6.26}$$

Werden Regler und Streckenübertragungsfunktion einbezogen, ergibt sich:

$$\frac{y(s)}{w(s)} = \frac{1}{T_1}(K_S f + 1) \frac{1}{s + \frac{1}{T_1} + f \frac{K_S}{T_1}} \tag{6.27}$$

Nach der Rücktransformation wird die Ausgangsgröße:

$$\frac{y(t)}{w_0} = \left(1 - e^{-(1 + f K_S)\frac{t}{T_1}}\right) \tag{6.28}$$

Der stationäre Wert der Sprungantwort liegt bei

$$\frac{y(\infty)}{w_0} = 1 \tag{6.29}$$

Für das ungeregelte System, also $f = 0$ und folglich $v w(s) = u(s)$, erhält man die Sprungantwort der Streckenübertragungsfunktion:

$$\frac{y(t)}{w_0} = \left(1 - e^{-\frac{t}{T_1}}\right) \tag{6.30}$$

In den beiden Diagrammen der Abb. 6.2 sind die Sprungantworten und die Steuergrößen in Abhängigkeit der Gewichtsfaktoren q und r dargestellt.

Interpretation der Kurven:

Für **kleine Gewichtung** ($r \to 0$) der Stellamplitude gilt für die Rückführverstärkung (6.17):

$$f = \frac{a}{b} + \sqrt{\left(\frac{a}{b}\right)^2 + \frac{q}{r}} \approx \sqrt{\frac{q}{r}}, \quad \text{wenn} \quad \left(\frac{a}{b}\right)^2 \ll \frac{q}{r} \quad \text{oder} \quad \left(\frac{1}{K_S}\right)^2 \ll \frac{q}{r} \tag{6.31}$$

Das Gütekriterium nimmt an dieser Stelle beliebig kleine Werte an:

$$-\frac{2J}{x_0^2} = \frac{q + r f^2}{a - b f} \approx \frac{q + r \left(\sqrt{\frac{q}{r}}\right)^2}{a - b \sqrt{\frac{q}{r}}} = \frac{2q}{a - b \sqrt{\frac{q}{r}}} \to 0 \tag{6.32}$$

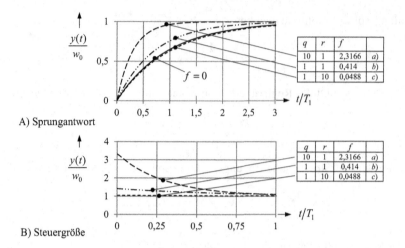

Abb. 6.2 Antwortfunktionen eines optimal eingestellten Regelkreises erster Ordnung in Abhängigkeit der Gewichtsfaktoren q und r. Für die Skizzen wurde gewählt: $K_S = 1$; $T_1 = 1$ s

Der Pol s_1 des rückgekoppelten Systems wandert in der linken Hälfte der s-Ebene weiter nach links. Die Dynamik des Regelkreises erhöht sich, allerdings zulasten der Stellgröße. Vgl. Kurven a) und b) in Abb. 6.2.

$$s_1 = a - bf \approx -\frac{1}{T_1} - \frac{K_S}{T_1}\sqrt{\frac{q}{r}} \tag{6.33}$$

Für **große Gewichtung** der Stellamplitude ($r \to \infty$) wird die Rückführverstärkung

$$f = \frac{a}{b} + \sqrt{\left(\frac{a}{b}\right)^2 + \frac{q}{r}} \approx \frac{2a}{b}, \quad \text{wenn} \quad \left(\frac{a}{b}\right)^2 \gg \frac{q}{r} \quad \text{oder} \quad \left(\frac{1}{K_S}\right)^2 \gg \frac{q}{r} \tag{6.34}$$

Ist $a = -\frac{1}{T_1} < 0$, wird $f = 0$, eine Rückführung ist nicht erforderlich. Vgl. die Kurven c) in der Abb. 6.2. Die Sprungantwort des geregelten Systems verläuft parallel zur Sprungantwort des nicht rückgekoppelten Systems. Der Pol

$$s_1 = a - bf = -\frac{1}{T_1} < 0 \tag{6.35}$$

liegt in der negativen Halbebene. Das System ist stabil. Das Gütekriterium hat den Wert

$$J = \frac{x_0^2 q}{2a} \tag{6.36}$$

Falls $a > 0$, käme der Pol in die rechte Hälfte der s-Ebene zu liegen. Das System wäre instabil.

Beispiel 6.1

Optimieren eines Systems erster Ordnung mit $T_1 = 2\,\text{s}$, $K_S = 0{,}5$. Das Sprungverhalten des geregelten Systems ist zu untersuchen. Die Übertragungsfunktion und die Zustandsbeschreibung lauten:

$$G(s) = \frac{K_S}{T_1} \frac{1}{1/T_1 + s} \tag{6.37}$$

$$\dot{x}_1 = -\frac{1}{2} x_1(t) + \frac{1}{4} u(t) \tag{6.38}$$

Gewählt seien:

Verstärkungsfaktor $K_S = 0{,}5$;
Zeitkonstante $\quad T_1 = 2\,\text{s}$;
Gütefaktoren $\quad q = 10; r = 1$

Für die Rückführverstärkung gilt nach (6.17)

$$f = -\frac{1}{K_S} + \sqrt{\frac{1}{K_S^2} + \frac{q}{r}} = 1{,}7417 \tag{6.39}$$

Mit diesen Angaben wird das Blockschaltbild des Regelkreises konstruiert:
Aus der Abb. 6.3 folgt für die Steuergröße:

$$\frac{u(s)}{w_0} = \frac{1}{s} \frac{1}{1 + f \frac{K_S}{T_1} G_S(s)} \tag{6.40}$$

In den Zeitbereich transformiert und die gegebenen Zahlen eingesetzt:

$$\frac{u(t)}{w_0} = \frac{1}{1 + f K_S} \left(1 - e^{-(1+f K_S)\frac{t}{T_1}} \right) + e^{-(1+f K_S)\frac{t}{T_1}} \tag{6.41}$$

$$= \frac{1}{1 + f K_S} - \left(\frac{1}{1 + f K_S} - 1 \right) e^{-(1+f K_S)\frac{t}{T_1}} \tag{6.42}$$

$$= 0{,}5345 + 0{,}4655\, e^{-1{,}8709\frac{t}{2}} \tag{6.43}$$

Abb. 6.3 Optimal eingestellter Regelkreis entsprechend dem gewählten Gütekriterium

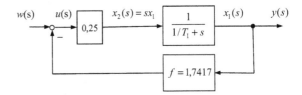

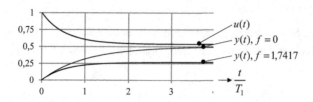

Abb. 6.4 Steuergröße $u(t)$ und Sprungantworten $y(t)$ des ungeregelten ($f = 0$) und des geregelten ($f = 1{,}7417$) Systems bei optimaler Wahl der Rückführverstärkung für ein Systems erster Ordnung. Kreisverstärkung $K_S = 0{,}5$; Zeitkonstante $T_1 = 2\,\text{s}$, Gütefaktoren $q = 10$; $r = 1$. Durch die proportionale Rückführung ist ein Regelkreis mit P-Verhalten entstanden. Da keine I-Komponente im Kreis vorhanden ist, entsteht mit $x_d = 0{,}2327w_0$ eine bleibende Regeldifferenz

Für die Ausgangsgröße folgt:

$$y(s) = x_1(s) = u(s)\frac{K_S}{T_1}G_S(s) \tag{6.44}$$

$$\frac{y(s)}{w_0} = \frac{1}{s}\frac{1}{1 + f\frac{K_S}{T_1}G_S(s)}\frac{K_S}{T_1}G_S(s) \tag{6.45}$$

$$\frac{y(t)}{w_0} = \frac{K_S}{1 + fK_S}\left(1 - e^{(1+fK_S)\frac{t}{T_1}}\right) \tag{6.46}$$

$$\frac{y(t)}{w_0} = 0{,}2673\left(1 - e^{-1{,}8709\frac{t}{2}}\right) \tag{6.47}$$

Das Gütemaß hat an dieser Stelle den Wert

$$-\frac{2J}{x_0^2} = \frac{q + rf^2}{a - bf} = -13{,}9327 \tag{6.48}$$

■

6.2 Lösung des Güteintegrals bei Mehrgrößensystemen

Bei Mehrgrößensystemen versucht man, sowohl den Übergang eines dynamischen Systems von einem Ausgangszustand in den vorgesehenen Endzustand auf geringen Energieverbrauch hin zu optimieren, als auch einen günstigen Trajektorienverlauf, schnell und wenig oszillierend, zu erzielen. Beide Forderungen sollten dabei in einem ausgewogenen Verhältnis stehen. Man gelangt so zu einem **allgemeinen quadratischen Gütekriterium**.

6.2.1 Das energie- oder verbrauchsoptimale Gütemaß

Bei dynamischen Systemen mit nur einer Steuerfunktion $u(t)$ benutzt man ein quadratisches Gütekriterium um Vorzeichenprobleme zu unterbinden.

$$J_i = \int\limits_0^\infty u_i^2(t)dt \tag{6.49}$$

Treten mehrere Steuergrößen $u_1(t), \cdots, u_n(t)$ auf, so wird das Integral erweitert:

$$J = \int\limits_0^\infty \left[r_{11}u_1^2(t) + \cdots + r_{mm}u_{mm}^2(t) \right] dt \tag{6.50}$$

Man nennt die $r_{ii} > 0$ Gewichtsfaktoren. Soll z. B. die Steuergröße $u_1(t)$ besonders wirtschaftlich gegenüber den restlichen Steuergrößen eingesetzt werden, wird man den zugeordneten Gewichtsfaktor r_{11} gegenüber den übrigen Gewichtsfaktoren besonders groß wählen. Im Allgemeinen verwendet man im Integranden eine Vektor-Matrizenschreibweise, die sich leicht herleiten lässt:

$$\begin{bmatrix} u_1(t) & \cdots & u_m(t) \end{bmatrix} \underbrace{\begin{bmatrix} r_{11} & & 0 \\ & \ddots & \\ 0 & & r_{mm} \end{bmatrix}}_{\bar{R}} \begin{bmatrix} u_1(t) \\ \vdots \\ u_m(t) \end{bmatrix} = \begin{bmatrix} r_{11}u_1^2(t) + \cdots + r_{mm}u_m^2(t) \end{bmatrix}$$

$$= \vec{u}^T(t)\bar{R}\vec{u}(t) \tag{6.51}$$

$\bar{R} = (r_{ik})$ ist eine m-reihige, symmetrische und positiv definite Matrix. Das bedeutet, dass für jeden Vektor $\vec{u}$ die quadratische Form $\vec{u}^T(t)\bar{R}\vec{u}(t) \geq 0$ gilt und nur für $\vec{u}(0) = \vec{0}$ diese Null ist.

Das verbrauchsoptimale Gütekriterium erhält mit dieser Schreibweise die Form:

$$J = \int\limits_0^\infty \vec{u}^T(t)\bar{R}\vec{u}(t)dt \tag{6.52}$$

6.2.2 Das verlaufsoptimale Gütemaß

Auch hier geht man von einem System mit nur einer Ausgangsgröße $x_1(t)$ aus und formuliert für diesen Fall ebenfalls ein quadratisches Gütekriterium. Man wünscht sich hierbei, dass sie nach einer Anfangsauslenkung mit wachsendem t einem festen Wert zustrebt.

Die Quadratform im Integranden des Gütekriteriums soll auch hier Vorzeichenprobleme unterbinden und größeren Ausschlägen entgegenwirken.

$$J_i = \int\limits_0^\infty x_i^2(t)dt \tag{6.53}$$

Sind mehreren Ausgangsgrößen zu berücksichtigen, wird:

$$J = \int\limits_0^\infty \left[q_{11}x_1^2(t) + \cdots + q_{nn}x_n^2(t) \right] dt \tag{6.54}$$

Darin sind die $q_{ii} > 0$ Gewichtsfaktoren. Soll z. B. die Ausgangsgröße $x_1(t)$ gegenüber den restlichen Variablen besonders klein gehalten werden, dann ist der Gewichtsfaktor q_{11} angemessen groß zu wählen.

Beim Übergang auf die Vektor-Matrizenschreibweise wird das verlaufsoptimale Güte-kriterium:

$$J = \int\limits_0^\infty \vec{x}^T(t)\bar{Q}\vec{x}(t)dt \tag{6.55}$$

Die Gewichtsmatrix

$$\bar{Q} = \begin{bmatrix} q_{11} & & 0 \\ & \ddots & \\ 0 & & q_{nn} \end{bmatrix} \tag{6.56}$$

ist eine n-reihige, symmetrische und positiv semidefinite Matrix. Der Ausdruck $\vec{u}^T(t)\bar{R}\vec{u}(t) \geq 0$ ist jetzt für alle Vektoren erfüllt. Zweckmäßig wählt man $\bar{Q}$ als Diago-nalmatrix. Das Gütekriterium J beschreibt dann eine gewichtete Quadratsumme.

6.2.3   Das allgemeine quadratische Gütemaß

Es bietet sich an, das verbrauchsoptimale Gütemaß und das verlaufsoptimale Gütemaß zu einem allgemeinen quadratischen Gütemaß zusammen zu führen:

$$J = \int\limits_0^\infty \left[\vec{x}^T(t)\bar{Q}\vec{x}(t) + \vec{u}^T(t)\bar{R}\vec{u}(t) \right] dt \tag{6.57}$$

Über die beiden Bewertungsmatrizen $\bar{Q}$ und $\bar{R}$ können in konkreten Anwendungsfällen beide Anteile zueinander in ein ausgewogenes Verhältnis gestellt werden oder eine Kom-ponente zulasten der anderen bevorzugt oder auch benachteiligt werden. Sind r-Werte gegenüber den q-Werten erhöht, vermindert das die Stellamplituden und führt zur verzögerten Systemantwort. Eine Verringerung der r-Werte bei gleichzeitiger Steigerung der q-Werte führt zu großen Stellamplituden und hat den umgekehrten Einfluss.

Bei der Wahl der Elemente der beiden Bewertungsmatrizen sollte auf die maximal zulässigen Abweichungen der Zustands- bzw. Stellgrößen vom Betriebspunkt des Systems geachtet werden.

6.2.4 Der Lösungsweg der Optimierungsaufgabe

Die Optimierungsaufgabe kann über die **Lagrange Multiplikationsregel zur Extremwertbestimmung** gelöst werden. Die Gl. 6.57 wird mit dem **Lagrange-Vektor** $\vec{\lambda}^T$ und der Nebenbedingung $\bar{A}\vec{x} + \bar{B}\vec{u} - \dot{\vec{x}} = \vec{0}$ ergänzt. Das Güteintegral 6.57 nimmt nach dieser Erweiterung die folgende Form an, *Steffenhagen* [3], *Nelles* [4]:

$$J(\vec{x}, \vec{u}) = \int\limits_0^\infty \left[\left(\vec{x}^T \bar{Q} \vec{x} + \vec{u}^T \bar{R} \vec{u} \right) + \vec{\lambda}^T \left(\bar{A}\vec{x} + \bar{B}\vec{u} - \dot{\vec{x}} \right) \right] dt \rightarrow \text{Min!} \qquad (6.58)$$

Die Gl. 6.58 beschreibt ein Extremalproblem. Gesucht ist ein Funktionenvektor $\left[\vec{x}(t), \vec{u}(t) \right]^T$. Durch das Gütemaß (6.58) wird jedem Vektor eine Zahl J zugeordnet. Man bezeichnet eine solche Zuordnung einer Zahl zu einer Funktion oder Funktionenvektor auch als Funktional. Das Gütemaß stellt somit ein Funktional von Zustands- und Steuervektor dar, das unter einer Nebenbedingung zu minimieren ist. Als Nebenbedingung verwendet man die Zustandsdifferenzialgleichung, die erfüllt sein muss, *Föllinger* [2].

Die optimale Stellgröße erhält man durch Nullsetzen der einzelnen partiellen Ableitungen von Gl. 6.58, der **Lagrange**-Gleichung:

$$L\left(\dot{\vec{x}}, \vec{x}(t), \vec{u}(t), \vec{\lambda}, t \right) = \left[\left(\vec{x}^T \bar{Q} \vec{x} + \vec{u}^T \bar{R} \vec{u} \right) + \vec{\lambda}^T \left(\bar{A}\vec{x} + \bar{B}\vec{u} - \dot{\vec{x}} \right) \right] \qquad (6.59)$$

Es folgt ein Gleichungssystem, aus dem die Steuerfunktion herausgelöst werden kann.

Aus den einzelnen Gleichungen erhält man die Lösungen:

$$\frac{\partial L}{\partial \vec{\lambda}} = \bar{A}\vec{x}(t) + \bar{B}\vec{u} - \dot{\vec{x}} = \vec{0} \Rightarrow \dot{x} = \bar{A}\vec{x}(t) + \bar{B}\vec{u}(t) \qquad (6.60)$$

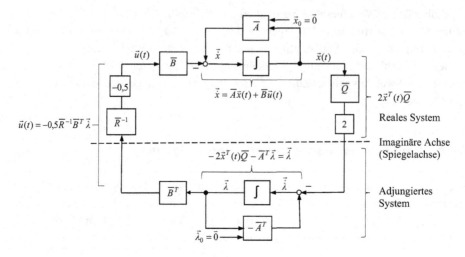

Abb. 6.5 Mathematische Darstellung des **HAMILTON**-Systems

$$\frac{\partial L}{\partial \vec{u}(t)} = 2\vec{u}^T(t)\bar{R} + \vec{\lambda}^T\bar{B} = \vec{0} \Rightarrow \vec{u}^T(t)\bar{R} = -\frac{1}{2}\vec{\lambda}^T\bar{B},$$

$$\text{mit} \quad (\bar{A}\bar{B})^T = \bar{B}^T\bar{A}^T \quad \text{wird}$$

$$\Rightarrow \bar{R}^T\vec{u}(t) = -\frac{1}{2}\bar{B}^T\vec{\lambda},$$

$$\text{wegen Symmetrie gilt } \bar{R} = \bar{R}^T:$$

$$\Rightarrow \bar{R}\vec{u}(t) = -\frac{1}{2}\bar{B}^T\vec{\lambda}$$

$$\Rightarrow \vec{u}(t) = -\frac{1}{2}\bar{R}^{-1}\bar{B}^T\vec{\lambda} = \vec{u}(t)_{\text{opt}} \qquad (6.61)$$

$$\frac{\partial L}{\partial \vec{x}(t)} = 2\vec{x}^T(t)\bar{Q} + \vec{\lambda}^T\bar{A} = \vec{0} \qquad (6.62)$$

$$\frac{\partial L}{\partial \dot{\vec{x}}} = -\vec{\lambda}^T \qquad (6.63)$$

$$\Rightarrow \frac{\partial L}{\partial x} = -\dot{\vec{\lambda}}^T \quad \text{adjungierte Gleichung} \qquad (6.64)$$

Fügt man die Gln. 6.60, 6.61, 6.62, 6.63 sowie die adjungierte Gl. 6.64 mit der adjungierten Variablen $\vec{\lambda}(t)$ zu einem Gesamtsystem zusammen, können die mathematischen Beziehungen in einem Blockschaltbild anschaulich dargestellt werden. Man bezeichnet diese Grafik auch als **HAMILTON**-System, *Otto* [5], *Müller* [1].

6.2.5 Der Riccatti-Regler

Der optimale Steuervektor $\vec{u}(t)_{\mathrm{opt}}$ folgt bei bekanntem Vektor $\vec{\lambda}$ aus der Gl. 6.61. Man nimmt an, dass eine positiv definite $(n \times n)$-Matrix $\bar{P}$ existiert, die den Lösungsansatz

$$\vec{\lambda} = 2\bar{P}\vec{x} \tag{6.65}$$

erfüllt. Damit wäre der optimale Steuervektor

$$\vec{u}(t)_{\mathrm{opt}} = -\bar{R}^{-1}\bar{B}^T\bar{P}\vec{x} = -\bar{K}_{\mathrm{opt}}\vec{x}(t) \tag{6.66}$$

und die optimale Rückführmatrix $\bar{K}_{\mathrm{opt}}$ bekannt. Durch Gleichsetzen von (6.62) und (6.64) wird im adjungierten System:

$$2\vec{x}^T(t)\bar{Q} + \vec{\lambda}^T\bar{A} = -\dot{\vec{\lambda}}^T$$

$$2\bar{Q}^T\vec{x}(t) + \bar{A}^T\vec{\lambda} = -\dot{\vec{\lambda}}$$

$$-2\bar{Q}\vec{x}(t) - \bar{A}^T\vec{\lambda} = \dot{\vec{\lambda}} \tag{6.67}$$

Mit der Ableitung von (6.65) und dem in die Zustandsgleichung 6.60 eingesetzten Steuervektor (6.66) findet man

$$\dot{\vec{\lambda}} = 2\bar{P}\dot{\vec{x}}(t) = 2\bar{P}\left[\bar{A}\vec{x}(t) - \bar{B}\bar{R}^{-1}\bar{B}^T\bar{P}\vec{x}(t)\right] \tag{6.68}$$

Wird (6.67) hier berücksichtigt und die Gleichung umgestellt, bekommt man die algebraische Form einer Matrizengleichung, mit deren Lösung $\bar{P}$ die Rückführmatrix $\bar{K}$ berechnet werden kann:

$$\bar{P}\bar{A} + \bar{A}^T\bar{P} - \bar{P}\bar{B}\bar{R}^{-1}\bar{B}^T\bar{P} + \bar{Q} = \bar{0} \tag{6.69}$$

Man nennt diese Gleichung **Matrix-Riccatti-Gleichung**. Ein Regler, der nach dieser Beziehung dimensioniert wird, heißt auch **Riccatti-Regler**. Die Lösung dieser Gleichung ist die Matrix $\bar{P}$. Sie lässt sich elementweise berechnen, wobei die Symmetrieeigenschaft der Matrix eine gewisse Erleichterung darstellt.

6.2.6 Die Lösung der Matrix-Riccatti-Gleichung

Der Lösungsweg der Matrix-Riccatti-Gleichung soll an der folgenden Aufgabenstellung gezeigt werden. Dazu benutzen wir eine Regelstrecke zweiter Ordnung, für die ein optimaler Regler entworfen werden soll.

Die Übertragungsfunktion der Strecke ergibt sich zu

$$G(s) = \frac{y(s)}{u(s)} = \frac{K}{s^2}.$$

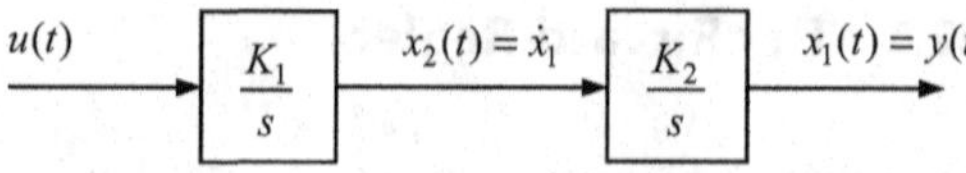

Abb. 6.6 Regelstrecke 2. Ordnung mit Integrierbeiwert $K = K_1 K_2$ in s^{-2}

Durch Rücktransformation erhält man die Differenzialgleichung der Anordnung:

$$y(s)s^2 = Ku(s) \Rightarrow \ddot{y} = Ku(t) \tag{6.70}$$

Hieraus folgt das System der Zustandsdifferenzialgleichungen:

$$y(t) = x_1(t)$$
$$\dot{y} = \dot{x}_1 = x_2(t)$$
$$\ddot{y} = \qquad\qquad Ku(t) \tag{6.71}$$

Das Gleichungssystem in Matrizenschreibweise umgeschrieben:

$$\vec{\dot{x}} = \begin{bmatrix} 0 & 1 \\ 0 & 0 \end{bmatrix} \vec{x}(t) + \begin{bmatrix} 0 \\ K \end{bmatrix} u(t) \tag{6.72a}$$

$$y(t) = \vec{c}^T \vec{x}(t) = x_1(t) \tag{6.72b}$$

Die Gewichtung der Regelgröße sei $\bar{Q} = \begin{bmatrix} q_1 & 0 \\ 0 & q_2 \end{bmatrix}$ mit $q_1 > 0$ und $q_2 > 0$. Die Stellgrößengewichtung wird mit $\bar{R} = r = 1$ gewählt. Es wird angenommen, dass die Lösung $\bar{P}$ der **Riccatti**-Gleichung symmetrisch ist, eine 2x2-Matrix mit den Elementen $\bar{P} = \begin{bmatrix} p_{11} & p_{12} \\ p_{12} & p_{22} \end{bmatrix}$. Die einzelnen Matrizenprodukte in der Gleichung ergeben:

$$\bar{P} \bar{A} = \begin{bmatrix} 0 & p_{11} \\ 0 & p_{12} \end{bmatrix} \tag{6.73a}$$

$$\bar{A}^T \bar{P} = \begin{bmatrix} 0 & 0 \\ p_{11} & p_{12} \end{bmatrix} \tag{6.73b}$$

$$\bar{P} \bar{B} = K \begin{bmatrix} p_{12} \\ p_{22} \end{bmatrix} \tag{6.73c}$$

$$\bar{P} \bar{B} \bar{R}^{-1} \bar{B}^T = K^2 \begin{bmatrix} 0 & p_{12} \\ 0 & p_{22} \end{bmatrix} \tag{6.73d}$$

$$\bar{P} \bar{B} \bar{R}^{-1} \bar{B}^T \bar{P} = K^2 \begin{bmatrix} p_{12}^2 & p_{12} p_{22} \\ p_{12} p_{22} & p_{22}^2 \end{bmatrix} \tag{6.73e}$$

Mit den Matrizen-Teilprodukten wird die **Riccatti**-Gleichung 6.69 aufgebaut:

$$K^2 \begin{bmatrix} p_{12}^2 & p_{12}p_{22} \\ p_{12}p_{22} & p_{22}^2 \end{bmatrix} - \begin{bmatrix} 0 & p_{11} \\ 0 & p_{12} \end{bmatrix} - \begin{bmatrix} 0 & 0 \\ p_{11} & p_{12} \end{bmatrix} - \begin{bmatrix} q_1 & 0 \\ 0 & q_2 \end{bmatrix} = \begin{bmatrix} 0 \\ 0 \end{bmatrix} \tag{6.74}$$

Die Elemente der Teil-Matrizen werden komponentenweise addiert und zu einem Gleichungssystem zusammengestellt. Es enthält wegen der Symmetrie der Lösungsmatrix nur drei unbekannte Koeffizienten, die zu berechnen sind.

Aus der Gl. 6.74 folgen die Lösungen:

$$K^2 p_{12}^2 - q_1 = 0 \quad \Rightarrow p_{12} = \frac{1}{K}\sqrt{q_1} \tag{6.75}$$

$$K^2 p_{22}^2 - 2p_{12} - q_2 = 0 \quad \Rightarrow p_{22} = \frac{1}{K}\sqrt{\frac{2}{K}\sqrt{q_1} + q_2} \tag{6.76}$$

$$K^2 p_{12}p_{22} - p_{11} = 0 \quad \Rightarrow p_{11} = \sqrt{q_1}\sqrt{\frac{2}{K}\sqrt{q_1} + q_2} \tag{6.77}$$

Die Lösung der **Riccatti**-Gleichung wird als Matrix geschrieben:

$$\bar{P} = \begin{bmatrix} p_{11} & p_{12} \\ p_{12} & p_{22} \end{bmatrix} = \begin{bmatrix} \sqrt{q_1}\sqrt{\frac{2}{K}\sqrt{q_1} + q_2} & \frac{1}{K}\sqrt{q_1} \\ \frac{1}{K}\sqrt{q_1} & \frac{1}{K}\sqrt{\frac{2}{K}\sqrt{q_1} + q_2} \end{bmatrix} \tag{6.78}$$

Die optimale Steuergröße (6.66) wird mit den gewonnenen Teilergebnissen:

$$u(t) = -\bar{R}^{-1}\bar{B}^T \bar{P}\vec{x}(t)$$

$$= -\left[\sqrt{q_1}x_1(t) + \sqrt{\frac{2}{K}\sqrt{q_1} + q_2}\,x_2(t)\right] \tag{6.79}$$

Damit wird die optimale Rückführmatrix gebildet:

$$\vec{K}_{\text{opt}} = \bar{R}^{-1}\bar{B}^T \bar{P}$$

$$= \begin{bmatrix} 0 & K \end{bmatrix} \begin{bmatrix} p_{11} & p_{12} \\ p_{12} & p_{22} \end{bmatrix}$$

$$= \begin{bmatrix} p_{12} & p_{22} \end{bmatrix} K$$

$$= \begin{bmatrix} \sqrt{q_1} & \sqrt{\frac{2}{K}\sqrt{q_1} + q_2} \end{bmatrix} \tag{6.80}$$

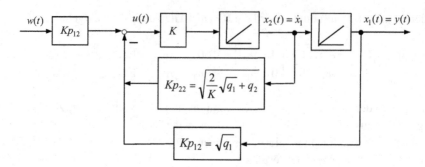

Abb. 6.7 Blockschaltbild der optimal geregelten Strecke mit Vorfilter $v = K p_{11}$

Das Vorfilter nach Gl. 5.21a berechnet sich zu:

$$v = \left[\vec{c}^T \left(\vec{b} \vec{f}^T - \bar{A} \right)^{-1} \vec{b} \right]^{-1}$$

$$= \left[\begin{pmatrix} 1 & 0 \end{pmatrix} \left(\frac{1}{K^2 p_{12}} \begin{bmatrix} K^2 p_{22} & 1 \\ -K^2 p_{11} & 0 \end{bmatrix} \right) \begin{bmatrix} 0 \\ K \end{bmatrix} \right]^{-1} \qquad (6.81)$$

$$= \left[\frac{1}{K^2 p_{12}} \begin{bmatrix} K^2 p_{22} & 1 \end{bmatrix} \begin{bmatrix} 0 \\ K \end{bmatrix} \right]^{-1}$$

$$= \left[\frac{1}{K^2 p_{12}} [K] \right]^{-1}$$

$$= K p_{12} \qquad (6.82)$$

Das Blockschaltbild der Strecke mit parallel geschalteter Rückführmatrix und Vorfilter s. Abb. 6.7.

Für den Anfangswert $y(0)$ und den stationären Wert $y(\infty)$ gilt nach einem Sollwertsprung:

$$\frac{y(s)}{w(s)} = \frac{K}{s^2} \frac{K p_{12}}{1 + \frac{K}{s^2} (s K p_{22} + K p_{12})} \qquad (6.83)$$

$$\frac{y(0)}{w_0} = \lim_{s \to \infty} s \frac{1}{s} \frac{K^2 p_{12}}{s^2 + K^2 (s p_{22} + p_{12})} = 0 \qquad (6.84)$$

$$\frac{y(\infty)}{w_0} = \lim_{s \to 0} s \frac{1}{s} \frac{K^2 p_{12}}{s^2 + K^2 (s p_{22} + p_{12})} = 1 \qquad (6.85)$$

Für die Steuergröße $u(\infty)$ gilt entsprechend nach einer Grenzwertbetrachtung:

$$\frac{u(s)}{w(s)} = \frac{Kp_{12}}{1 + K^2 p_{22}\frac{1}{s} + K^2 p_{12}\frac{1}{s^2}} \tag{6.86}$$

$$\frac{u(0)}{w_0} = \lim_{s \to \infty} s \frac{1}{s} \frac{s^2 K p_{12}}{s^2 + K^2(p_{22}s + p_{12})} = K p_{12} \tag{6.87}$$

$$\frac{u(\infty)}{w_0} = \lim_{s \to 0} s \frac{1}{s} \frac{s^2 K p_{12}}{s^2 + K^2(p_{22}s + p_{12})} = 0 \tag{6.88}$$

Die Sprungantwort des Systems erhält man durch Rücktransformation von (6.82):

$$\frac{y(s)}{w_0} = \frac{1}{s} \frac{K^2 p_{12}}{s^2 + K^2(p_{22}s + p_{12})} \tag{6.89}$$

$$= \frac{1}{s} - \frac{s + K^2 p_{22}}{s^2 + K^2(p_{22}s + p_{12})} \tag{6.90}$$

Aus einem Vergleich der charakteristischen Gleichungen in (6.82) und (6.86) mit dem Normpolynom zweiten Grades

$$P(s) = s^2 + 2D\omega_0 s + \omega_0^2 \tag{6.91}$$

kann die Dämpfungszahl der Einschwingvorgänge berechnet werden:

$$D = \frac{\delta}{\omega_0} = \frac{K}{2} \frac{p_{22}}{\sqrt{p_{12}}} \tag{6.92}$$

$$= \frac{\sqrt{\frac{2}{K}\sqrt{q_1} + q_2}}{2\sqrt{\frac{1}{K}\sqrt{q_1}}} \tag{6.93}$$

Gilt die Abschätzung $q_2 \ll \sqrt{q_1}$, erhält man für die Dämpfungszahl einen Wert, der unabhängig von dem Gewichtsfaktor q_1 ist:

$$D \approx \frac{1}{2}\sqrt{2} \tag{6.94}$$

Die Kurven kreuzen einmalig ihren stationären Wert und nähern sich dann diesem asymptotisch. Durch Rücktransformation der Bildfunktionen von Regelgröße und Steuergröße findet man für die Regelgröße:

$$\frac{y(t)}{w_0} = 1 - e^{-\frac{K^2 p_{22}}{2}t}\left[\cos K\sqrt{p_{12} - \left(\frac{Kp_{22}}{2}\right)^2}\,t\right.$$

$$\left. + \frac{\frac{K}{2}p_{22}}{\sqrt{p_{12} - \left(\frac{Kp_{22}}{2}\right)^2}}\sin K\sqrt{p_{12} - \left(\frac{Kp_{22}}{2}\right)^2}\,t\right] \tag{6.95}$$

Für die Steuergröße ergibt sich ein ähnlicher Verlauf:

$$\frac{u(t)}{w_0} = K p_{12} e^{-\frac{K^2 p_{22}}{2} t} \left[\cos K \sqrt{p_{12} - \left(\frac{K p_{22}}{2}\right)^2} \, t \right.$$

$$\left. - \frac{\frac{K}{2} p_{22}}{\sqrt{p_{12} - \left(\frac{K p_{22}}{2}\right)^2}} \sin K \sqrt{p_{12} - \left(\frac{K p_{22}}{2}\right)^2} \, t \right] \qquad (6.96)$$

Beim Auftreten des Führungssprungs startet die Steuergröße mit der Amplitude $K p_{12}$, die beträchtliche Werte annehmen kann. Auch ist die Wahl der Gewichtsfaktoren nicht uneingeschränkt. Aus (6.95) oder (6.96) folgt für einen reellen Kurvenverlauf aus dem Wurzelausdruck:

$$p_{12} - \left(\frac{K p_{22}}{2}\right)^2 > 0 \qquad (6.97)$$

$$\frac{1}{K} \sqrt{q_1} > \left(\frac{1}{2} \sqrt{\frac{2}{K} \sqrt{q_1} + q_2}\right)^2 \qquad (6.98)$$

Hieraus folgt eine Bedingung für den Gewichtsfaktor q_2:

$$q_2 < \frac{2}{K} \sqrt{q_1} \qquad (6.99)$$

In den beiden folgenden Diagrammen der Abb. 6.8 sind in Abhängigkeit der Gewichtsfaktoren Einschwingvorgänge der Regelgröße und der Steuergröße abgebildet. Für die Skizzen wurden der Verstärkungsfaktor $K = 1$ und der Gewichtsfaktor $r = 1$ gesetzt. Die beiden Gewichtsfaktoren q_1 und q_2 variieren zwischen den Werten 1 und 100. Als Vergleichsbasis dienen die Kurven mit den Faktoren $q_1 = q_2 = r = 1$.

Hieraus folgt eine Bedingung für den Gewichtsfaktor q_2:

$$q_2 < \frac{2}{K} \sqrt{q_1} \qquad (6.100)$$

In den beiden folgenden Diagrammen der Abb. 6.8 sind in Abhängigkeit der Gewichtsfaktoren Einschwingvorgänge der Regelgröße und der Steuergröße abgebildet. Für die Skizzen wurden der Verstärkungsfaktor $K = 1$ und der Gewichtsfaktor $r = 1$ gesetzt. Die beiden Gewichtsfaktoren q_1 und q_2 variieren zwischen den Werten 1 und 100. Als Vergleichsbasis dienen die Kurven mit den Faktoren $q_1 = q_2 = r = 1$.

Interpretation der Diagramme Die Basiskurve (Abb. 6.8, Bild A, Kurve d) verläuft nahezu asymptotisch auf den stationären Wert $\frac{y(\infty)}{w_0}$ zu, hat aber wegen einer Dämpfung von $D = 0,866$ noch eine leichte Überschwingung. Wird die Regelgröße mit dem Faktor $q_1 = 10$ stärker gewichtet als in der Basisversion, wird die Regelung schneller, die

Abb. 6.8 Einschwingvorgänge eines optimal geregelten Systems zweiter Ordnung in Abhängigkeit der Gewichtsfaktoren

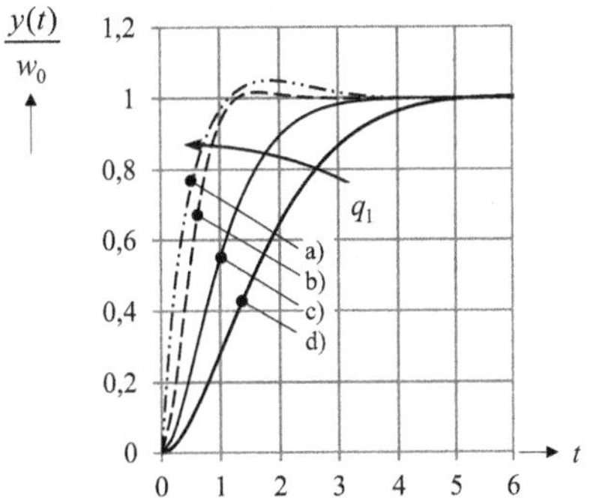

A) Sprungantwort

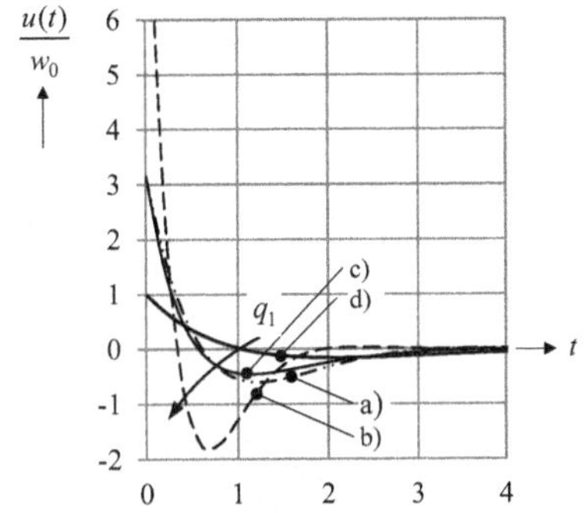

B) Steuergröße

C) Kurvenparameter

	q_1	q_2	D
a)	10	1	0,76
b)	100	5	0,78
c)	10	5	0,94
d)	1	1	0,86

Überschwingungen stärker, die Ausregelzeit aber kürzer (Abb. 6.8, Bild A, Kurve a). Die Amplitude der Steuergröße springt hierbei auf den dreifachen Wert gegenüber dem der Basisversion (Abb. 6.8, Bild B, Kurve a). Bei einem Gewichtsfaktor von $q_1 = 100$ erfolgt eine weitere Beschleunigung der Regelung, aber wegen der gleichzeitigen Vergrößerung des Gütefaktors q_2 auf 5 nimmt die Schwingungsneigung zu (Abb. 6.8, Bild A, Kurve b). Die Amplitude der Steuergröße verzehnfacht sich in dieser Situation gegenüber der Basisversion (Abb. 6.8, Bild B, Kurve b).

Zusammenfassend lässt sich feststellen, dass eine Vergrößerung des Gewichtsfaktors q_1 eine Beschleunigung des Regelvorganges verursacht (Abb. 6.8, Bild A). Die Steuergröße wird allerdings stärker belastet (Abb. 6.8, Bild B).

6.2.7 Der Riccatti-Regler für ein System erster Ordnung

Bei Eingrößensystemen (6.3) werden Skalare anstelle Matrizen zur Systembeschreibung benutzt. Mit den folgenden Teilprodukten wird die **Riccatti**-Gleichung 6.69 zusammengestellt:

$$\bar{P}\bar{A} = pa \qquad (6.101a)$$

$$\bar{A}^T\bar{P} = ap \qquad (6.101b)$$

$$\bar{P}\bar{B}\bar{R}^{-1}\bar{B}^T\bar{P} = pbr^{-1}bp \qquad (6.101c)$$

$$\Rightarrow p^2 - \frac{2ar}{b^2}p - \frac{qr}{b^2} = 0 \qquad (6.102)$$

Die Lösung der quadratischen Gleichung ist:

$$p_{1/2} = \frac{ar}{b^2} \pm \sqrt{\left(\frac{ar}{b^2}\right)^2 + \frac{rq}{b^2}} \qquad (6.103)$$

Da nur positiv definite Lösungen zulässig sind, entfällt das Minuszeichen. Multipliziert man die Gleichung mit dem Ausdruck br^{-1}, ist das Ergebnis identisch mit (6.16):

$$f = p_1\frac{b}{r} = \frac{a}{b} + \sqrt{\left(\frac{a}{b}\right)^2 + \frac{q}{r}} \qquad (6.104)$$

6.3 Übungsaufgaben

Aufgabe 6.1 Prüfung auf positiv (semidefinite) Matrix. Kriterium: Eine Matrix $\bar{A}$ ist *positiv definit*, wenn die folgende quadratische Form

$$\vec{x}^T\bar{A}\vec{x} \geq 0$$

nur für $\vec{x} \equiv \vec{0}$ mit dem Gleichheitszeichen erfüllt wird. Die Prüfung auf positiv definit erfolgt mittels **Eigenwertberechnung**: Eine Matrix $\bar{A}$ ist positiv definit (semidefinit), wenn alle Eigenwerte der Matrix positiv (nichtnegativ) sind.

a) $\bar{A} = \begin{bmatrix} 1 & 0 \\ 3 & 2 \end{bmatrix} \Rightarrow P(\lambda) = |\lambda\bar{E} - \bar{A}| = \begin{vmatrix} \lambda - 1 & 0 \\ -3 & \lambda - 2 \end{vmatrix} = \lambda^2 - 3\lambda + 2 = 0 \quad (6.105)$

$$\Rightarrow \lambda_1 = 2; \ \lambda_2 = 1$$

Die Eigenwerte sind alle positiv. Deshalb ist die Matrix $\bar{A}$ positiv definit.

b) $\bar{A} = \begin{bmatrix} 2 & 3 \\ 4 & 6 \end{bmatrix} \Rightarrow P(\lambda) = |\lambda\bar{E} - \bar{A}| = \begin{vmatrix} \lambda - 2 & -3 \\ -4 & \lambda - 6 \end{vmatrix} = \lambda(\lambda - 8) = 0 \quad (6.106)$

$$\Rightarrow \lambda_1 = 0; \ \lambda_2 = 8$$

c) $\bar{A} = \begin{bmatrix} 1 & 3 \\ 1 & 2 \end{bmatrix} \Rightarrow P(\lambda) = |\lambda\bar{E} - \bar{A}| = \begin{vmatrix} \lambda - 1 & -3 \\ -1 & \lambda - 2 \end{vmatrix} = \lambda^2 - 3\lambda - 5 = 0 \quad (6.107)$

$$\Rightarrow \lambda_1 = 4{,}2; \ \lambda_2 = -1{,}2$$

Die Eigenwerte der Matrix sind weder alle positiv oder nichtnegativ. Die Matrix ist weder positiv definit noch positiv semidefinit.

Matrizen von Gewichtsfaktoren sind meistens nur in der Hauptdiagonalen mit Werten ungleich Null besetzt. Für diese gilt:

$$\text{d)} \quad \bar{A} = \begin{bmatrix} q_{11} & 0 & 0 & 0 \\ 0 & q_{22} & 0 & 0 \\ \cdots & \cdots & \ddots & \cdots \\ 0 & 0 & 0 & q_{nn} \end{bmatrix}$$

$$\Rightarrow P(\lambda) = \left| \lambda \bar{E} - \bar{A} \right| = \begin{vmatrix} \lambda - q_{11} & 0 & 0 & 0 \\ 0 & \lambda - q_{22} & 0 & 0 \\ \cdots & \cdots & \ddots & \cdots \\ 0 & 0 & 0 & \lambda - q_{nn} \end{vmatrix} \tag{6.108a}$$

$$= (\lambda - q_{11})(\lambda - q_{22}) \cdots (\lambda - q_{nn}) = 0 \tag{6.108b}$$

$$\Rightarrow \lambda_1 = q_{11}, \lambda_2 = q_{22}, \cdots, \lambda_n = q_{nn} \tag{6.108c}$$

Bei positiven Gewichtsfaktoren sind die Eigenwerte alle positiv. Die Matrix ist positiv definit.

∎

Aufgabe 6.2 Bei einer ausgewogenen Gewichtung von Steuergröße und Regelgröße sollen die Einschwingvorgänge von dem System (6.72a) und (6.72b) berechnet werden. Die Gewichtungsfaktoren seien gleichrangig mit $q_1 = q_2 = r = 1$ angenommen. Die Verstärkung wird mit $K = 1$ berücksichtigt.

Für die Lösungen (6.75) und (6.76) der **Riccatti**-Gleichung ergeben sich:

$$p_{12} = 1$$
$$p_{22} = \sqrt{3}$$

Mit den berechneten Werten und der Eingangssprungamplitude w_0 wird nach (6.90) die Ausgangsgröße nach einer Partialbruchzerlegung im Bildbereich:

$$\frac{y(s)}{w_0} = \frac{1}{s} - \frac{\sqrt{3} + s}{s^2 + s\sqrt{3} + 1} \tag{6.109a}$$

$$= \frac{1}{s} - \frac{s + \frac{\sqrt{3}}{2}}{\left(s + \frac{\sqrt{3}}{2}\right)^2 + 0{,}25} - \frac{\frac{\sqrt{3}}{2}}{0{,}5} \frac{0{,}5}{\left(s + \frac{\sqrt{3}}{2}\right)^2 + 0{,}25} \tag{6.109b}$$

Und im Zeitbereich nach (6.95):

$$\frac{y(t)}{w_0} = 1 - e^{-0{,}866t} [\cos 0{,}5t + 1{,}7321 \sin 0{,}5t] \tag{6.110}$$

Die Steuergröße ergibt sich nach (6.96) zu:

$$\frac{u(t)}{w_0} = 1{,}7321 e^{-\frac{t}{2}} \left[\cos 1{,}2174t - 0{,}4107 \sin 1{,}2174t\right] \tag{6.111}$$

Die Dämpfung der beiden Einschwingvorgänge berechnet sich nach (6.92) zu:

$$D = \frac{1{,}7321}{2} = 0{,}866 \tag{6.112}$$

Die Sprungantwort ist in Abb. 6.8 in Bild A, Kurve d), die Steuergröße in Bild B, Kurve d) dargestellt.

∎

Aufgabe 6.3 Für den Regelkreis aus Aufgabe 5.2 soll ein **Riccatti**-Regler entworfen werden. Als Gewichtung von Stellgröße und Regelgröße sei gewählt: $r = 1$ und $\bar{Q} = \begin{bmatrix} q_1 & 0 \\ 0 & q_2 \end{bmatrix}$ mit $q_1 > 0$; $q_2 > 0$. Die Zustandsgleichungen lauten:

$$\dot{\vec{x}} = \begin{bmatrix} 0 & 1 \\ -1 & -1 \end{bmatrix} \vec{x}(t) + \begin{bmatrix} 0 \\ 1 \end{bmatrix} u(t)$$
$$y(t) = \begin{bmatrix} 2 & 0 \end{bmatrix} \vec{x}(t) = 2x_1(t) \tag{6.113}$$

Zunächst werden die Teilprodukte der **Riccatti**-Gleichung zusammengestellt.

$$\bar{P}\bar{A} = \begin{bmatrix} p_{11} & p_{12} \\ p_{12} & p_{22} \end{bmatrix} \begin{bmatrix} 0 & 1 \\ -1 & -1 \end{bmatrix} = \begin{bmatrix} -p_{12} & p_{11} - p_{12} \\ -p_{22} & p_{12} - p_{22} \end{bmatrix} \tag{6.114a}$$

$$\bar{A}^T \bar{P} = \begin{bmatrix} 0 & -1 \\ 1 & -1 \end{bmatrix} \begin{bmatrix} p_{11} & p_{12} \\ p_{12} & p_{22} \end{bmatrix} = \begin{bmatrix} -p_{12} & -p_{22} \\ p_{11} - p_{12} & p_{12} - p_{22} \end{bmatrix} \tag{6.114b}$$

$$\bar{P}\bar{B} = \begin{bmatrix} p_{11} & p_{12} \\ p_{12} & p_{22} \end{bmatrix} \begin{bmatrix} 0 \\ 1 \end{bmatrix} = \begin{bmatrix} p_{12} \\ p_{22} \end{bmatrix} \tag{6.114c}$$

$$\bar{P}\bar{B}\bar{R}^{-1}\bar{B}^T\bar{P} = \begin{bmatrix} p_{12} \\ p_{22} \end{bmatrix} [1] \begin{bmatrix} 0 & 1 \end{bmatrix} \begin{bmatrix} p_{11} & p_{12} \\ p_{12} & p_{22} \end{bmatrix} = \begin{bmatrix} p_{12}^2 & p_{12}p_{22} \\ p_{12}p_{22} & p_{22}^2 \end{bmatrix} \tag{6.114d}$$

Mit diesen Teilergebnissen lässt sich die **Matrix-Riccatti**-Gleichung 6.69 aufstellen:

$$\begin{bmatrix} -p_{12} & p_{11} - p_{12} \\ -p_{22} & p_{12} - p_{22} \end{bmatrix} + \begin{bmatrix} -p_{12} & -p_{22} \\ p_{11} - p_{12} & p_{12} - p_{22} \end{bmatrix} - \begin{bmatrix} p_{12}^2 & p_{12}p_{22} \\ p_{12}p_{22} & p_{22}^2 \end{bmatrix} + \begin{bmatrix} q_1 & 0 \\ 0 & q_2 \end{bmatrix}$$
$$= \begin{bmatrix} 0 & 0 \\ 0 & 0 \end{bmatrix} \tag{6.115}$$

Durch komponentenweises Aufsammeln der einzelnen Elemente erhält man die Gleichungen zum Berechnen der Unbekannten p_{11} bis p_{22}.

$$-p_{12} - p_{12} - p_{12}^2 + q_1 = 0 \Rightarrow p_{12}^2 + 2p_{12} - q_1 = 0 \tag{6.116a}$$

$$\Rightarrow p_{12}|_{a,b} = -1 \pm \sqrt{1 + q_1} \tag{6.116b}$$

$$\left.\begin{array}{l} p_{11} - p_{12} - p_{22} - p_{12}p_{22} = 0 \\ -p_{22} + p_{11} - p_{12} - p_{12}p_{22} = 0 \end{array}\right\} \Rightarrow p_{21} = p_{12} \tag{6.117}$$

$$p_{12} - p_{22} + p_{12} - p_{22} - p_{22}^2 + q_2 = 0 \Rightarrow p_{22}^2 + 2p_{22} - q_2 - 2p_{12} = 0 \tag{6.118a}$$

$$\Rightarrow p_{22}|_{a,b} = -1 \pm \sqrt{1 + q_2 + 2p_{12}} \tag{6.118b}$$

Da nur positive Lösungen zulässig sind, ergeben sich die Zahlenwerte:

$$p_{12}|_a = 0{,}414 = p_{21}$$
$$p_{22}|_a = 0{,}6817$$
$$p_{11} = 1{,}3779 \tag{6.119}$$

Die Lösungsmatrix der **Riccatti**-Gleichung hat damit die Elemente:

$$\bar{P} = \begin{bmatrix} 1{,}3779 & 0{,}414 \\ 0{,}414 & 0{,}6817 \end{bmatrix} \tag{6.120}$$

Nach (6.79) ist die optimale Steuergröße

$$u(t) = -\begin{bmatrix} 0 & 1 \end{bmatrix} \bar{P} \vec{x}(t)$$
$$= -(0{,}414x_1(t) + 0{,}6817x_2(t)) \tag{6.121}$$

Für den Rückführvektor gilt entsprechend:

$$\vec{f}^T = \begin{bmatrix} p_{12} & p_{22} \end{bmatrix}$$
$$\vec{f}^T = \begin{bmatrix} 0{,}414 & 0{,}6817 \end{bmatrix} \tag{6.122}$$

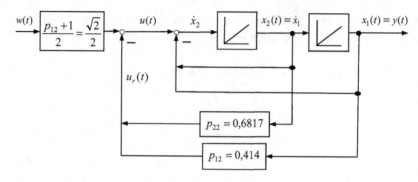

Abb. 6.9 Optimaler Regelkreis zweiter Ordnung mit $q_1 = q_2 = r = K = 1$

Berechnen des Vorfilters bei bekanntem Rückführvektor:

$$v = \left[\begin{pmatrix} 2 & 0 \end{pmatrix} \left[\begin{pmatrix} 0 \\ 1 \end{pmatrix} \begin{pmatrix} p_{12} & p_{22} \end{pmatrix} - \begin{pmatrix} 0 & 1 \\ -1 & -1 \end{pmatrix} \right]^{-1} \begin{pmatrix} 0 \\ 1 \end{pmatrix} \right]^{-1}$$

$$= \left[\begin{pmatrix} 2 & 0 \end{pmatrix} \frac{1}{p_{12}+1} \begin{bmatrix} p_{22}+1 & 1 \\ -p_{12}-1 & 0 \end{bmatrix} \begin{pmatrix} 0 \\ 1 \end{pmatrix} \right]^{-1}$$

$$= \left[\frac{1}{p_{12}+1} \begin{pmatrix} 2 & 0 \end{pmatrix} \begin{pmatrix} 1 \\ 0 \end{pmatrix} \right]^{-1}$$

$$v = \frac{p_{12}+1}{2}$$

Mit den angenommenen Zahlen wird:

$$v = \frac{\sqrt{2}}{2} = 0{,}707 \tag{6.123}$$

Mit Unterstützung der Abb. 6.9 kann die Ausgangsgröße hergeleitet werden:

$$\frac{y(s)}{w(s)} = 2v \frac{1}{1 + p_{12} + s\,(1 + p_{22}) + s^2}$$

$$= \sqrt{2} \frac{1}{\sqrt{2} + 1{,}6817s + s^2} = \sqrt{2} \frac{1}{(s + 0{,}841)^2 + 0{,}707} \tag{6.124}$$

Für eine sprungförmige Eingangsgröße erhält man nach einer Partialbruchzerlegung der Bildfunktion und Rücktransformation die Sprungantwort:

$$\frac{y(s)}{w_0} = \frac{1}{s} - \frac{s + 0{,}841}{(s + 0{,}841)^2 + 0{,}707} - \frac{0{,}841}{(s + 0{,}841)^2 + 0{,}707} \tag{6.125}$$

$$\frac{y(t)}{w_0} = 1 - e^{-0{,}841t}(\cos 0{,}841t + \sin 0{,}841t) \tag{6.126}$$

Die Steuergröße berechnet sich nach gleichem Muster:

$$\frac{u(s)}{w(s)} = \frac{\sqrt{2}}{2} \frac{1 + s + s^2}{(s + 0{,}841)^2 + 0{,}707} \tag{6.127}$$

$$\frac{u(s)}{w_0} = \frac{\sqrt{2}}{2} \left[\frac{1}{s} \cdot \frac{1}{(s + 0{,}841)^2 + 0{,}707} + \frac{s + 0{,}841}{(s + 0{,}841)^2 + 0{,}707} \right.$$

$$\left. + \frac{0{,}159}{0{,}840} \cdot \frac{0{,}840}{(s + 0{,}841)^2 + 0{,}707} \right] \tag{6.128}$$

$$\frac{u(t)}{w_0} = \left[0{,}5 + 0{,}2072 e^{-0{,}841t} \cos 0{,}841t - 0{,}366 e^{-0{,}341t} \sin 0{,}841t \right] \tag{6.129}$$

Für den Anfangszustand gilt:

$$\frac{u(0)}{w_0} = 0{,}707 \tag{6.130}$$

Der stationäre Wert ist:

$$\frac{u(\infty)}{w_0} = 0{,}5 \tag{6.131}$$

Die Rückführungsgröße berechnet sich nach (6.121) mit $x_2(t) = \dot{x}_1$:

$$\begin{aligned}
u_R(t) &= 0{,}414 x_1(t) + 0{,}6817 x_2(t) \\
&= 0{,}414 \cdot 0{,}5 \left[1 - e^{-0{,}841t} \left(\cos 0{,}841t + \sin 0{,}841t \right) \right] \\
&\quad + 0{,}681 \left[0{,}841 e^{-0{,}841t} \sin 0{,}841t \right] \\
&= 0{,}207 - 0{,}207 e^{-0{,}841t} \cos 0{,}841t + 0{,}3657 e^{-0{,}841t} \sin 0{,}841t \tag{6.132}
\end{aligned}$$

Für die Steuergröße gilt bei einer sprungförmigen Eingangsgröße:

$$u(s) = w(s) \frac{\sqrt{2}}{2} - u_R(s) \tag{6.133}$$

$$\frac{u(t)}{w_0} = \frac{\sqrt{2}}{2} - u_R(t) \tag{6.134}$$

$$= 0{,}5 + 0{,}207 e^{-0{,}841t} \cos 0{,}841t - 0{,}3657 e^{-0{,}841t} \sin 0{,}841t \tag{6.135}$$

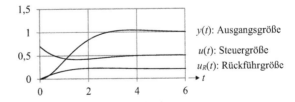

Abb. 6.10 Sprungantwort und Steuerfunktion eines optimal eingestellten Regelkreises. $q_1 = q_2 = r = K = 1$

$y(t)$: Ausgangsgröße

$u(t)$: Steuergröße

$u_R(t)$: Rückführgröße

Interpretation

Die Ausgangsgröße zeigt das typische Verhalten eines Systems zweiter Ordnung. Die Pole des optimierten Systems sind komplex und liegen bei $s_{1/2} = -0,841 \pm j\,0,707$. Mit einer Dämpfungszahl von $D = 0,707$ liegt das System an der Grenze, wo die Antwortfunktion einmalig ihren stationären Wert schneidet, um sich anschließend diesem asymptotisch von oben anzugleichen. Die Überschwingungen sind gering, trotzdem nicht bei jeder Regelungsaufgabe zulässig. Durch Vergrößern der Gewichtsfaktoren q_1 und q_2 lassen sich die Überschwingungen der Sprungantwort verringern. Im Vergleich zu dem optimierten System durch Polvorgabe stützt man sich da auf die beiden reellen Pole $q_{P1} = -2$; $\quad q_{P2} = -1$, was zu einer Dämpfungszahl von $D = 1,06$ führt, vgl. Gl. 5.166a, Abb. 5.22. Die Steuergröße beginnt mit einem Amplitudensprung von $\frac{u(0)}{w_0} = 0,707$ und läuft dann überschwingungsfrei auf ihren stationären Wert von $\frac{u(\infty)}{w_0} = 0,5$ zu. Die Rückführgröße, eine Summe der beiden gewichteten Zustandsgrößen x_1 und x_2 beginnt sprungfrei und nimmt den stationären Wert $\frac{u_R(\infty)}{w_0} = 0,207$ an.

■

Aufgabe 6.4 Für die folgende Übertragungskette soll ein **Riccatti**-Regler gefunden werden. Die Differenzialgleichung lautet:

$$\ddot{y} + \frac{1}{T_1}\dot{y} = b_0 u(t) \quad \text{mit} \quad b_0 = \frac{K_I}{T_1} \tag{6.136}$$

Aus der Differenzialgleichung folgt die Übertragungsfunktion

$$\frac{u(s)}{y(s)} = \frac{b_0}{s\left(s + \frac{1}{T_1}\right)} \tag{6.137}$$

Die Zerlegung der Differenzialgleichung in die Zustandsform ergibt das Gleichungssystem:

$$y(t) = x_1$$
$$\dot{y} = \dot{x}_1 = x_2$$
$$\ddot{y} = -\frac{1}{T_1}x_2 + u(t) \tag{6.138}$$

Die Ausgangsgleichung aktualisiert das System:

$$y(t) = \vec{c}^T \vec{x} = \frac{K_I}{T_1}x_1(t) \tag{6.139}$$

Es werden die für die **Riccatti**-Gleichung notwendigen Matrizen zusammengestellt und berechnet, wobei vereinfachend gesetzt wird:

$$T_1 = q_1 = q_2 = r = K_I = 1$$

$$\bar{P}\bar{A} = \begin{bmatrix} p_{11} & p_{12} \\ p_{12} & p_{22} \end{bmatrix} \begin{bmatrix} 0 & 1 \\ 0 & -1 \end{bmatrix} = \begin{bmatrix} 0 & p_{11} - p_{12} \\ 0 & p_{12} - p_{22} \end{bmatrix} \tag{6.140}$$

$$\bar{A}^T \bar{P} = \begin{bmatrix} 0 & 0 \\ 1 & -1 \end{bmatrix} \begin{bmatrix} p_{11} & p_{12} \\ p_{12} & p_{22} \end{bmatrix} = \begin{bmatrix} 0 & 0 \\ p_{11} - p_{12} & p_{12} - p_{22} \end{bmatrix} \tag{6.141}$$

$$\bar{P}\bar{B}\bar{R}^{-1}\bar{B}^T\bar{P} = \begin{bmatrix} p_{12}^2 & p_{12}p_{22} \\ p_{12}p_{22} & p_{22}^2 \end{bmatrix} \tag{6.142}$$

Mit den drei Matrizen wird die **Riccatti**-Gleichung gebildet:

$$\begin{bmatrix} 0 & p_{11} - p_{12} \\ 0 & p_{12} - p_{22} \end{bmatrix} + \begin{bmatrix} 0 & 0 \\ p_{11} - p_{12} & p_{12} - p_{22} \end{bmatrix} - \begin{bmatrix} p_{12}^2 & p_{12}p_{22} \\ p_{12}p_{22} & p_{22}^2 \end{bmatrix}$$

$$+ \begin{bmatrix} q_1 & 0 \\ 0 & q_2 \end{bmatrix} = \bar{0} \tag{6.143}$$

Eine elementweise Addition liefert vier Gleichungen, zwei davon sind linear abhängig:

$$\text{1.)} \qquad -p_{12}^2 + q_1 = 0$$

$$\text{2.) und 3.)} \qquad p_{11} - p_{12} - p_{12}p_{22} = 0$$

$$\text{4.)} \quad 2\,(p_{12} - p_{22}) - p_{22}^2 + q_2 = 0 \tag{6.144}$$

Die Lösungen des Gleichungssystems sind:

$$p_{12} = \sqrt{q_1} \tag{6.145}$$

$$p_{22} = -1 \pm \sqrt{1 + 2\sqrt{q_1} + q_2} \tag{6.146}$$

$$p_{11} = \sqrt{q_1} + \sqrt{q_1}\left(-1 + \sqrt{1 + 2\sqrt{q_1} + q_2}\right) \tag{6.147}$$

Werden die angenommen Zahlenwerte in die Lösungen eingesetzt und berücksichtigt, dass nur positive Lösungen zulässig sind, erhält man:

$$p_{11} = 1$$
$$p_{22} = 1$$
$$p_{11} = 2 \tag{6.148}$$

Damit lässt sich die Lösungsmatrix der **Riccatti**-Gleichung aufbauen:

$$\bar{P} = \begin{bmatrix} p_{11} & p_{12} \\ p_{12} & p_{22} \end{bmatrix} = \begin{bmatrix} 2 & 1 \\ 1 & 1 \end{bmatrix} \tag{6.149}$$

Für die Rückführung gilt:

$$u_R(t) = R^{-1}\bar{B}^T\bar{P}\vec{x}(t)$$
$$= \vec{K}_{\text{opt}}^T\vec{x}(t)$$
$$= x_1(t) + x_2(t) \tag{6.150}$$

Der Reglervektor hat die Komponenten:

$$\vec{f}^T = \begin{pmatrix} f_1 & f_2 \end{pmatrix} = \begin{pmatrix} 1 & 1 \end{pmatrix} \tag{6.151}$$

Für den stationären Ausgleich sorgt das Vorfilter:

$$v = \left[\vec{c}^T\left(\vec{b}\vec{f}^T - \bar{A}\right)^{-1}\vec{b}\right]^{-1} = 1 \tag{6.152}$$

Mit den angenommenen und den daraus errechneten Werten lässt sich das Blockschaltbild des optimal eingestellten Regelkreises (Abb. 6.11) konstruieren.

Berechnen der Sprungantwort. Die zurückgeführte Steuergröße ist nach Abb. 6.11:

$$u_R(s) = (s+1)x_1(s) \tag{6.153}$$

mit $x_1(s) = u(s)\frac{1}{s(1+s)}$ wird diese Variable:

$$u_R(s) = \frac{u(s)}{s} \tag{6.154}$$

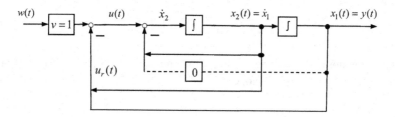

Abb. 6.11 Das Blockschaltbild des optimal eingestellten Kreises

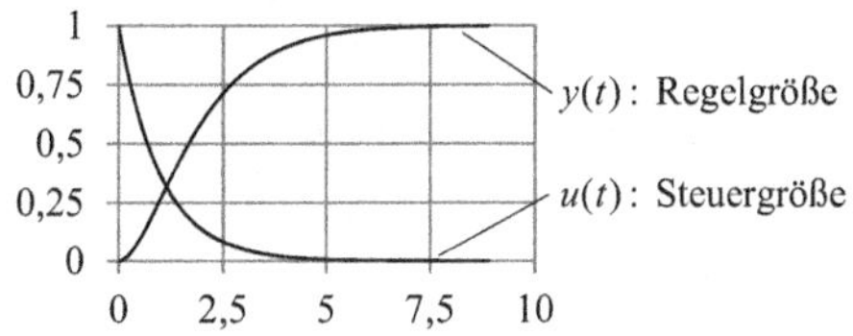

Abb. 6.12 Sprungantwort
und Steuergröße des optimal
eingestellten Regelkreises,
$q_1 = q_2 = r = K = 1$

Am Differenzpunkt auf der Eingangsseite ergibt die Bilanz:

$$u(s) = w(s) - u_R(s) \tag{6.155}$$

$$= w(s) - \frac{u(s)}{s} \tag{6.156}$$

$$\Rightarrow \frac{u(s)}{w(s)} = \frac{s}{1+s} \tag{6.157}$$

$$\Rightarrow u(t) = u_0 e^{-t} \tag{6.158}$$

$$\frac{x_1(s)}{w(s)} = \frac{1}{(1+s)^2} \tag{6.159}$$

$$\Rightarrow x_1(t) = y(t) = w_0 \left[1 - (1+t)\right] e^{-t} \tag{6.160}$$

◾

Aufgabe 6.5 Für ein System zweiter Ordnung ist ein optimaler Regler gesucht. Die Übertragungsfunktion des Systems sei

$$G(s) = \frac{1}{0{,}5 + s + s^2} \tag{6.161}$$

Die Zustandsdarstellung in Regelungsnormalform lässt sich hieraus leicht ermitteln:

$$\vec{x} = \begin{bmatrix} 0 & 1 \\ -0{,}5 & -1 \end{bmatrix} \vec{x}(t) + \begin{bmatrix} 0 \\ 1 \end{bmatrix} u(t) \tag{6.162}$$

$$y(t) = \vec{c}^T \vec{x}(t) = x_1(t) \tag{6.163}$$

Um die Lösungsmatrix der **Riccatti**-Gleichung zu finden, werden zunächst die folgenden Teilmatrizenprodukte berechnet:

$$\bar{P}\bar{A} = \begin{bmatrix} p_{11} & p_{12} \\ p_{12} & p_{22} \end{bmatrix} \begin{bmatrix} 0 & 1 \\ -0{,}5 & -1 \end{bmatrix} = \begin{bmatrix} -0{,}5p_{12} & p_{11} - p_{12} \\ -0{,}5p_{22} & p_{12} - p_{22} \end{bmatrix} \tag{6.164}$$

$$\bar{A}^T\bar{P} = \begin{bmatrix} 0 & -0{,}5 \\ 1 & -1 \end{bmatrix} \begin{bmatrix} p_{11} & p_{12} \\ p_{12} & p_{22} \end{bmatrix} = \begin{bmatrix} -0{,}5p_{12} & -0{,}5p_{22} \\ p_{11} - p_{12} & p_{12} - p_{22} \end{bmatrix} \tag{6.165}$$

$$\bar{P}\bar{B}\bar{R}^{-1}\bar{B}^T\bar{P} = \begin{bmatrix} p_{11} & p_{12} \\ p_{12} & p_{22} \end{bmatrix} \begin{bmatrix} 0 \\ 1 \end{bmatrix} \begin{bmatrix} 0 & 1 \end{bmatrix} \begin{bmatrix} p_{11} & p_{12} \\ p_{12} & p_{22} \end{bmatrix} = \begin{bmatrix} p_{12}^2 & p_{12}p_{22} \\ p_{12}p_{22} & p_{22}^2 \end{bmatrix} \tag{6.166}$$

In diesem Produkt ist der Gewichtsfaktor für die Steuergröße $\bar{R}^{-1} = [1]$ gesetzt worden. Mit den Teilprodukten und der Gewichtsmatrix $\bar{Q} = \begin{bmatrix} q_1 & 0 \\ 0 & q_2 \end{bmatrix}$ wird die **Riccatti**-Gleichung:

$$\begin{bmatrix} -0{,}5p_{12} & p_{11} - p_{12} \\ -0{,}5p_{22} & p_{12} - p_{22} \end{bmatrix} + \begin{bmatrix} -0{,}5p_{12} & -0{,}5p_{22} \\ p_{11} - p_{12} & p_{12} - p_{22} \end{bmatrix} - \begin{bmatrix} p_{12}^2 & p_{12}p_{22} \\ p_{12}p_{22} & p_{22}^2 \end{bmatrix}$$
$$+ \begin{bmatrix} q_1 & 0 \\ 0 & q_2 \end{bmatrix} = \bar{0} \tag{6.167}$$

Eine elementweise Addition führt auf folgende Gleichungen und ihre Lösungen, wenn $q_1 = q_2 = 1$ gesetzt wird:

$$- p_{12} - p_{12}^2 + q_1 = 0 \tag{6.168}$$
$$\Rightarrow p_{12} = -0{,}5 + \sqrt{0{,}25 + q_1}$$
$$= 0{,}618$$

$$p_{22}^2 + 2p_{22} - 2p_{12} - q_2 = 0 \tag{6.169}$$
$$\Rightarrow p_{22} = -1 + \sqrt{1 + 2p_{12} + q_2}$$
$$= 0{,}8$$

$$p_{11} - p_{12} - 0{,}5p_{22} - p_{12}p_{22} = 0 \tag{6.170}$$
$$\Rightarrow p_{11} = p_{12} + 0{,}5p_{22} + p_{12}p_{22}$$
$$= 1{,}5117$$

Die Ergebnisse bilden die Lösungsmatrix der **Riccatti**-Gleichung:

$$\bar{P} = \begin{bmatrix} p_{11} & p_{12} \\ p_{12} & p_{22} \end{bmatrix} = \begin{bmatrix} 1{,}5117 & 0{,}681 \\ 0{,}681 & 0{,}8 \end{bmatrix} \tag{6.171}$$

Die Rückführgröße ist mit den gegebenen und berechneten Werten:

$$u(t)_r = r\vec{b}^T \bar{P} \vec{x}(t)$$
$$= \begin{pmatrix} 0 & 1 \end{pmatrix} \begin{bmatrix} 1{,}5117 & 0{,}681 \\ 0{,}681 & 0{,}8 \end{bmatrix} \begin{bmatrix} x_1(t) \\ x_2(t) \end{bmatrix}$$
$$= (0{,}681 x_1(t) + 0{,}8 x_2(t)) \tag{6.172}$$

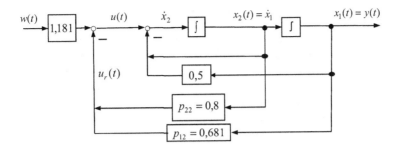

Abb. 6.13 Die optimal geregelte Strecke: Gewichtsfaktoren $q_1 = q_2 = r = 1$

Das Vorfilter, eine skalare Größe, sorgt für den stationären Ausgleich:

$$v = \left[\vec{c}^T \left(\vec{b} \vec{f}^T - \bar{A} \right)^{-1} \vec{b} \right]^{-1}$$

$$v = \left[\begin{pmatrix} 1 & 0 \end{pmatrix} \left[\begin{pmatrix} 0 \\ 1 \end{pmatrix} \begin{pmatrix} 0,681 & 0,8 \end{pmatrix} - \begin{pmatrix} 0 & 1 \\ -0,5 & -1 \end{pmatrix} \right]^{-1} \begin{pmatrix} 0 \\ 1 \end{pmatrix} \right]^{-1} \tag{6.173}$$

$$v = 1,181 \tag{6.174}$$

Das Blockschaltbild zeigt die Rechenschritte des Zustandsmodells auf Grundlage der gegebenen Daten:

Aus Abb. 6.13 lässt sich entnehmen:

$$u_r(s) = (0,8s + 0,681)\, x_1(s) \tag{6.175}$$

$$u(s) = 1,181 w(s) - u_r(s) \tag{6.176}$$

$$= 1,181 w(s) - (0,8s + 0,681)\, x_1(s) \tag{6.177}$$

Für die Ausgangsgröße gilt:

$$x_1(s) = y(s) = u(s) \frac{1}{0,5 + s + s^2} \tag{6.178}$$

Aus den beiden Gln. 6.177 und 6.178 kann die Übertragungsfunktion der optimal geregelten Strecke gebildet werden:

$$\frac{y(s)}{w(s)} = \frac{1,181}{1,181 + 1,8s + s^2} \tag{6.179}$$

Die Sprungantwort folgt aus der Rücktransformation:

$$\frac{y(t)}{w_0} = \mathcal{L}^{-1} \left\{ \frac{1}{s} \frac{1,181}{1,181 + 1,8s + s^2} \right\} \tag{6.180}$$

$$\frac{y(t)}{w_0} = \mathcal{L}^{-1} \left\{ \frac{1}{s} - \frac{s + 0,9}{(s + 0,9)^2 + 0,371} - 1,4776 \frac{0,609}{(s + 0,9)^2 + 0,371} \right\} \tag{6.181}$$

$$= 1 - e^{-0,9t} \left[\cos 0,609t + 1,4776 \sin 0,609t \right] \tag{6.182}$$

Der stationäre Wert ist nach einem Einheitssprung der Führungsgröße bei dem geregelten System:

$$\frac{y(t \to \infty)}{w_0} = \lim_{s \to 0} s \frac{1}{s} \frac{1,181}{1,181 + 1,8s + s^2} = 1 \tag{6.183}$$

Im Vergleich hierzu ist der stationäre Wert der Sprungantwort der ungeregelten Strecke:

$$\frac{y(t \to \infty)}{w_0} = \lim_{s \to 0} s \frac{1}{s} \frac{1}{0,5 + s + s^2} = 2 \tag{6.184}$$

Der Verlauf der Sprungantwort der ungeregelten Strecke erfolgt nach der Funktion:

$$\frac{y(s)}{w_0} = \frac{1}{s} \frac{1}{0,5 + s + s^2} \tag{6.185}$$

$$\frac{y(s)}{2w_0} = \frac{1}{s} - \frac{s + 0,5}{(s + 0,5)^2 + 0,25} - \frac{0,5}{(s + 0,5)^2 + 0,25} \tag{6.186}$$

$$\frac{y(t)}{w_0} = 2 \left[1 - e^{-0,5t} \left(\cos 0,5t + \sin 0,5t \right) \right] \tag{6.187}$$

Die Reglerausgangsgröße ist:

$$u_r(t) = 0,681 x_1(t) + 0,8 \dot{x}_1 \tag{6.188}$$

Mit der Ausgangsgröße $x_1(t)$ und deren Ableitung wird am Subtraktionspunkt die Steuergröße:

$$x_1(t) = 1 - e^{-0,9t} \left[\cos 0,609t + 1,4776 \sin 0,609t \right] \tag{6.189}$$

$$\dot{x}_1 = 1,9388 e^{-0,9t} \sin 0,609t \tag{6.190}$$

$$u(t) = 0,5 - e^{-0,9t} \left[0,5449 \sin 0,609t - 0,681 \cos 0,609t \right] \tag{6.191}$$

∎

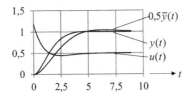

Abb. 6.14 Optimale Regelung einer Strecke zweiter Ordnung
$y(t)$: Sprungantwort der geregelten Strecke
$0{,}5\bar{y}(t)$: Sprungantwort der ungeregelten Strecke
$u(t)$: Steuergröße

Aufgabe 6.6 Es ist für eine Strecke mit der Sprungantwort $f(t) = 1 - \cos t$ ein optimaler Zustandsregler zu entwerfen.

Die Übertragungsfunktion der Strecke erhält man durch Transformation der Zeitfunktion in den Bildbereich:

$$s\mathcal{L}\{1 - \cos t\} = \frac{1}{s^2 + 1} = G(s) \tag{6.192}$$

Hieraus folgt die Differenzialgleichung

$$\ddot{y} + 1 = u(t) \tag{6.193}$$

Die Umwandlung in die Zustandsbeschreibung führt auf das Gleichungssystem:

$$\dot{x} = \begin{bmatrix} 0 & 1 \\ -1 & 0 \end{bmatrix} \vec{x}(t) + \begin{bmatrix} 0 \\ 1 \end{bmatrix} u(t)$$

$$y(t) = \vec{c}^T \vec{x}(t) = x_1(t) \tag{6.194}$$

1. Aufstellen der Riccatti-Gleichung

$$\bar{P}\bar{A} = \begin{bmatrix} p_{11} & p_{12} \\ p_{12} & p_{22} \end{bmatrix} \begin{bmatrix} 0 & 1 \\ -1 & 0 \end{bmatrix} = \begin{bmatrix} -p_{12} & p_{11} \\ -p_{22} & p_{12} \end{bmatrix} \tag{6.195}$$

$$\bar{A}^T \bar{P} = \begin{bmatrix} 0 & -1 \\ 1 & 0 \end{bmatrix} \begin{bmatrix} p_{11} & p_{12} \\ p_{12} & p_{22} \end{bmatrix} = \begin{bmatrix} -p_{12} & -p_{22} \\ p_{11} & p_{12} \end{bmatrix} \tag{6.196}$$

$$\bar{P}\vec{b}\vec{b}^T\bar{P} = \begin{bmatrix} p_{11} & p_{12} \\ p_{12} & p_{22} \end{bmatrix} \begin{bmatrix} 0 \\ 1 \end{bmatrix} \cdot 1 \cdot \begin{bmatrix} 0 & 1 \end{bmatrix} \begin{bmatrix} p_{11} & p_{12} \\ p_{12} & p_{22} \end{bmatrix} = \begin{bmatrix} p_{12}^2 & p_{12}p_{22} \\ p_{12}p_{22} & p_{22}^2 \end{bmatrix} \tag{6.197}$$

2. Lösen der Riccati-Gleichung

$$\begin{bmatrix} -p_{12} & p_{11} \\ -p_{22} & p_{12} \end{bmatrix} + \begin{bmatrix} -p_{12} & -p_{22} \\ p_{11} & p_{12} \end{bmatrix} = \begin{bmatrix} p_{12}^2 & p_{12}p_{22} \\ p_{12}p_{22} & p_{22}^2 \end{bmatrix} - \begin{bmatrix} q_1 & 0 \\ 0 & q_2 \end{bmatrix} \qquad (6.198)$$

Aus diesem Matrizengleichungssystem können drei Gleichungen für drei Unbekannten herausgelöst werden. Für eine numerische Lösung werden zunächst die Gewichtsfaktoren $q_1 = q_2 = 1$ gesetzt.

$$1.) \quad p_{12}^2 + 2p_{12} - 1 = 0 \Rightarrow p_{12} = 0{,}414 \qquad (6.199)$$

$$2.) \quad p_{22} = \sqrt{1 + 2p_{12}} = 1{,}35 \qquad (6.200)$$

$$3.) \quad p_{11} = p_{12}p_{22} + p_{22} = 1{,}9118 \qquad (6.201)$$

Die Lösungsmatrix der Riccati-Gleichung hat die Besetzung:

$$\bar{P} = \begin{bmatrix} p_{11} & p_{12} \\ p_{12} & p_{22} \end{bmatrix} = \begin{bmatrix} 1{,}9118 & 0{,}414 \\ 0{,}414 & 1{,}35 \end{bmatrix} \qquad (6.202)$$

Mit der Lösungsmatrix lässt sich die optimale Rückführung bilden. Der Gewichtfaktor für die Stellgröße sei $r = 1$.

$$u_r(t) = r\vec{b}^T \bar{P} \vec{x}(t) = \begin{bmatrix} 0 & 1 \end{bmatrix} \begin{bmatrix} p_{11} & p_{12} \\ p_{12} & p_{22} \end{bmatrix} \begin{bmatrix} x_1(t) \\ x_2(t) \end{bmatrix} \qquad (6.203)$$

$$= p_{12}x_1(t) + p_{22}x_2(t) = 0{,}414x_1(t) + 1.35x_2(t) \qquad (6.204)$$

Das Vorfilter wird auf der Basis des optimalen Rückführvektors $\vec{f}^T$ berechnet:

$$v = \left[\vec{c}^T \left(\vec{b}\vec{f}^T - \bar{A} \right)^{-1} \vec{b} \right]^{-1} \qquad (6.205)$$

$$= \left[\begin{pmatrix} 1 & 0 \end{pmatrix} \left(\begin{bmatrix} 0 \\ 1 \end{bmatrix} \begin{bmatrix} 0{,}414 & 1{,}35 \end{bmatrix} - \begin{bmatrix} 0 & 1 \\ -1 & 0 \end{bmatrix} \right)^{-1} \begin{bmatrix} 0 \\ 1 \end{bmatrix} \right]^{-1} \qquad (6.206)$$

$$= \sqrt{2} \qquad (6.207)$$

3. Das Blockschaltbild des Regelkreises

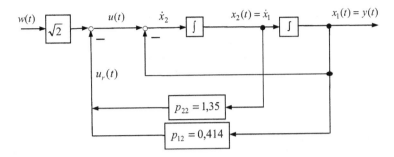

Abb. 6.15 Der optimale Regelkreis mit den Gewichtsfaktoren $q_1 = q_2 = r = 1$

4. Die Sprungantwort

Aus dem Blockschaltbild folgt die Übertragungsfunktion des geregelten Systems:

$$\frac{x_1(s)}{w(s)} = \frac{\sqrt{2}}{s^2 + 1{,}35s + \sqrt{2}} \tag{6.208}$$

$$= \frac{1}{s} - \frac{s + 0{,}675}{(s + 0{,}675)^2 + 0{,}9584} - 0{,}6895 \frac{0{,}979}{(s + 0{,}675)^2 + 0{,}9584} \tag{6.209}$$

Die zugehörige Zeitfunktion ist:

$$\frac{y(t)}{w_0} = 1 - e^{-0{,}675t} \left[\cos 0{,}979t + 0{,}6895 \sin 0{,}979t\right] \tag{6.210}$$

Für den stationären Wert findet man nach einem Eingangssprung:

$$\frac{x_1 (t \to \infty)}{w_0} = 1 \tag{6.211}$$

5. Optimierung bei Gewichtsfaktor $q_1 = 20$, $q_2 = 1$

Die Lösungen der **Riccatti**-Gleichung sind unter dieser Gewichtung:

$$p_{12} = 3{,}58$$
$$p_{22} = 2{,}8575$$
$$p_{11} = 13{,}08 \tag{6.212}$$

Abb. 6.16 Sprungantwort des ungeregelten und des geregelten Systems bei unterschiedlicher Gewichtung der Regelgröße

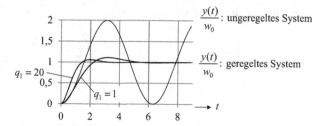

Die Lösungsmatrix der **Riccatti**-Gleichung hat die Belegung:

$$P = \begin{bmatrix} 13{,}08 & 3{,}58 \\ 3{,}58 & 2{,}8575 \end{bmatrix} \tag{6.213}$$

Der Rückführungsvektor hat die Elemente:

$$\vec{f}^T = \begin{bmatrix} 3{,}58 & 2{,}8575 \end{bmatrix} \tag{6.214}$$

Der berechnete Wert des Vorfilters ist:

$$v = 4{,}58 \tag{6.215}$$

Die Übertragungsfunktion lautet:

$$\frac{x_1(s)}{w(s)} = \frac{4{,}58}{s^2 + 2{,}8575s + 4{,}58} \tag{6.216}$$

Auf dieser Basis wird die neue Sprungantwort berechnet:

$$\frac{y(t)}{w_0} = \frac{x_1(t)}{w_0} = 1 - e^{-1{,}425t} \left[\cos 1{,}5967t + 0{,}8925 \sin 1{,}5967t \right] \tag{6.217}$$

Sie ist in Abb. 6.16 dargestellt. Das Bevorzugen der Regelgröße durch die Gewichtung verringert etwas die Überschwingungen und führt zu einer Beschleunigung der Regelung.

6. Optimieren bei Begrenzung der Steuergröße

Die Stellgröße soll mit dem Gewichtsfaktor $r = 10$ belegt werden. Die restlichen Gewichtsfaktoren für die Regelgröße werden bei $q_1 = q_2 = 1$ als Bezugsgröße beibehalten. Für die Neuberechnung der **Riccatti**-Gleichung ist nur eine Teilmatrix erforderlich:

$$\begin{aligned}
\bar{P}\vec{b}r^{-1}\vec{b}^T\bar{P} &= \begin{bmatrix} p_{11} & p_{12} \\ p_{12} & p_{22} \end{bmatrix} \begin{bmatrix} 0 \\ 1 \end{bmatrix} \cdot 10^{-1} \cdot \begin{bmatrix} 0 & 1 \end{bmatrix} \begin{bmatrix} p_{11} & p_{12} \\ p_{12} & p_{22} \end{bmatrix} \\
&= \begin{bmatrix} p_{12}^2 & p_{12}p_{22} \\ p_{12}p_{22} & p_{22}^2 \end{bmatrix} 10^{-1}
\end{aligned} \tag{6.218}$$

Die Lösungen der **Riccatti**-Gleichung unter der neuen Bewertung:

$$\begin{bmatrix} -p_{12} & p_{11} \\ -p_{22} & p_{12} \end{bmatrix} + \begin{bmatrix} -p_{12} & -p_{22} \\ p_{11} & p_{12} \end{bmatrix} = 10^{-1} \begin{bmatrix} p_{12}^2 & p_{12}p_{22} \\ p_{12}p_{22} & p_{22}^2 \end{bmatrix} - \begin{bmatrix} q_1 & 0 \\ 0 & q_2 \end{bmatrix} \qquad (6.219)$$

$$\Rightarrow -2p_{12} = 0{,}1p_{12}^2 - 1$$
$$\Rightarrow \quad p_{12} = 0{,}488 \qquad (6.220)$$
$$\Rightarrow 2p_{12} = 0{,}1p_{22}^2 - 1$$
$$\Rightarrow \quad p_{22} = 4{,}445 \qquad (6.221)$$
$$\Rightarrow P_{11} - p_{22} = p_{12}p_{22}$$
$$\Rightarrow \quad p_{11} = 6{,}614 \qquad (6.222)$$

Die Ergebnisse in der Lösungsmatrix zusammengefasst:

$$\bar{P} = \begin{bmatrix} p_{11} & p_{12} \\ p_{12} & p_{22} \end{bmatrix} = \begin{bmatrix} 6{,}614 & 0{,}488 \\ 0{,}488 & 4{,}445 \end{bmatrix} \qquad (6.223)$$

Die optimale Rückführung ist mit diesen Werten:

$$u_r(t) = r^{-1}\vec{b}^T \bar{P} \vec{x}(t)$$
$$= 0{,}0488x_1(t) + 0{,}444x_2(t) \qquad (6.224)$$

Die geänderte Rückführung führt zu einer neuen Filterberechnung:

$$v = \left[\vec{c}^T \left(\vec{b}\vec{f}^T - \bar{A} \right)^{-1} \vec{b} \right]^{-1} \qquad (6.225)$$

$$v = \left[\begin{pmatrix} 0 & 1 \end{pmatrix} \left(\begin{bmatrix} 0 \\ 1 \end{bmatrix} \begin{bmatrix} 0{,}0488 & 0{,}444 \end{bmatrix} - \begin{bmatrix} 0 & 1 \\ -1 & 0 \end{bmatrix} \right)^{-1} \begin{bmatrix} 0 \\ 1 \end{bmatrix} \right]^{-1}$$
$$= 1{,}10488 \qquad (6.226)$$

Das angepasste Blockschaltbild (Abb. 6.17) zeigt in der Rückführung eine Veränderung. Die Übertragungsfunktion kann direkt aus dem Blockschaltbild abgelesen werden:

$$\frac{y(s)}{w(s)} = \frac{1{,}0488}{s^2 + 4{,}445s + 1{,}0488} \qquad (6.227)$$

Die Sprungantwort des optimal geregelten Systems erhält man nach Rücktransformation der Übertragungsfunktion:

$$\frac{y(s)}{w_0} = \frac{1}{s} - \frac{s + 4{,}445}{(s + 2{,}22)^2 - 3{,}89} \qquad (6.228)$$

$$\frac{y(t)}{w_0} = 1 - e^{-2{,}225t} \cosh 1{,}97t - 1{,}128 e^{-2{,}225t} \sinh 1{,}97t \qquad (6.229)$$

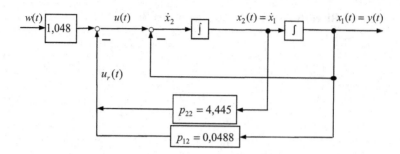

Abb. 6.17 Optimaler Regelkreis bei Beschränkung der Steuergröße: $r = 10, q_1 = q_2 = 1$

Die Übertragungsfunktion für die Steuergröße folgt aus dem Ansatz:

$$u(s) = 1{,}0488 w(s) - (0{,}0488 + 4{,}445s)\, x_1(s) \tag{6.230}$$

$$\Rightarrow \frac{u(s)}{w(s)} = 1{,}0488 \frac{1 + s^2}{s^2 + 4{,}445s + 1{,}0488} \tag{6.231}$$

Für eine sprungförmige Eingangsgröße ist die Steuergröße:

$$\frac{u(t)}{w_0} = 1 + 0{,}0488 e^{-2{,}222t} \cosh 1{,}972t - 2{,}309 e^{-2{,}222t} \sinh 1{,}972t \tag{6.232}$$

Die Steuergröße beginnt sprungförmig bei dem Anfangswert $\frac{u(0)}{w_0} = 1{,}0488$, der stationäre Endwert liegt bei $\frac{u(t \to \infty)}{w_0} = 1$.

In der Abb. 6.18 ist der Verlauf der Steuerfunktion dargestellt. Bei $t = 0$ ist die Rückführgröße $u_r(t) = 0$ wächst aber mit zunehmender Zeit. Die Steuergröße beginnt mit dem Amplitudenwert 1,0488, fällt dann ab, und mit zunehmendem $u_r(t)$ steigt sie wieder an bis zu ihrem stationären Wert.

∎

Abb. 6.18 Optimaler Regelkreis bei Begrenzung der Steuergröße
a) Steuergröße mit Gewichtsfaktoren $r = 10, q_1 = q_2 = 1$, $\frac{u(t)}{w_0}$
b) Sprungantwort des geregelten Systems $\frac{y(t)}{w_0}$

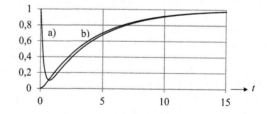

Aufgabe 6.7 für ein Drei-Speichersystem ist ein Zustandsregler zu entwerfen. Die Zustandsgleichungen haben folgenden Zuschnitt:

$$\dot{\vec{x}} = \begin{bmatrix} 0 & 1 & 0 \\ 0 & 0 & 1 \\ -1 & 0 & 0 \end{bmatrix} \vec{x}(t) + \begin{bmatrix} 0 \\ 0 \\ 1 \end{bmatrix} u(t)$$

$$y(t) = \begin{bmatrix} 1 & 0 & 0 \end{bmatrix} \vec{x}(t) = x_1(t) \tag{6.233}$$

1. Sprungantwort des ungeregelten Systems

Weil das System in Regelungsnormalform vorliegt, lässt sich aus der Systemmatrix die ursprüngliche Differenzialgleichung direkt ableiten:

$$\dddot{y} + 1 = u(t) \tag{6.234}$$

Ohne Berücksichtigung der Anfangsbedingungen gehört hierzu die Übertragungsfunktion:

$$\frac{y(s)}{u(s)} = \frac{1}{s^3 + 1} \tag{6.235}$$

Die Sprungantwort wird nach einer Partialbruchzerlegung und anschließender Rücktransformation *Ameling* [6]:

$$\frac{y(t)}{w_0} = \mathcal{L}^{-1} \left\{ \frac{1}{s} - \frac{s^2}{s^3 + 1} \right\} \tag{6.236}$$

$$= 1 - \frac{1}{3} \left(e^{-t} + 2e^{0,5t} \cos \frac{\sqrt{3}}{2} t \right) \tag{6.237}$$

Die Kurve ist in der nachstehenden Abb. 6.19 dargestellt: Sie zeigt wegen ihrer exponentiellen Komponente nicht stabiles Verhalten, was durch die Regelung vermieden werden soll.

Abb. 6.19 Sprungantwort des ungeregelten Systems

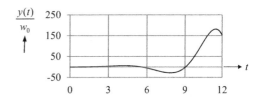

2. Aufstellen der Riccatti-Gleichung

Die (3×3)-Teilmatrizen sind:

$$\bar{P}\,\bar{A} = \begin{bmatrix} p_{11} & p_{12} & p_{13} \\ p_{12} & p_{22} & p_{23} \\ p_{13} & p_{23} & p_{33} \end{bmatrix} \begin{bmatrix} 0 & 1 & 0 \\ 0 & 0 & 1 \\ -1 & 0 & 0 \end{bmatrix} = \begin{bmatrix} -p_{13} & p_{11} & p_{12} \\ -p_{23} & p_{12} & p_{22} \\ -p_{33} & p_{13} & p_{23} \end{bmatrix} \tag{6.238}$$

$$\bar{A}^T \bar{P} = \begin{bmatrix} 0 & 0 & -1 \\ 1 & 0 & 0 \\ 0 & 1 & 0 \end{bmatrix} \begin{bmatrix} p_{11} & p_{12} & p_{13} \\ p_{12} & p_{22} & p_{23} \\ p_{13} & p_{23} & p_{33} \end{bmatrix} = \begin{bmatrix} -p_{13} & -p_{23} & -p_{33} \\ p_{11} & p_{12} & p_{13} \\ p_{12} & p_{22} & p_{23} \end{bmatrix} \tag{6.239}$$

$$\bar{P}\vec{b}r\vec{b}^T \bar{P} = \begin{bmatrix} p_{11} & p_{12} & p_{13} \\ p_{12} & p_{22} & p_{23} \\ p_{13} & p_{23} & p_{33} \end{bmatrix} \begin{bmatrix} 0 \\ 0 \\ 1 \end{bmatrix} [1] \begin{bmatrix} 0 & 0 & 1 \end{bmatrix} \begin{bmatrix} p_{11} & p_{12} & p_{13} \\ p_{12} & p_{22} & p_{23} \\ p_{13} & p_{23} & p_{33} \end{bmatrix} \tag{6.240}$$

$$= \begin{bmatrix} p_{13}^2 & p_{23}p_{13} & p_{33}p_{13} \\ p_{23}p_{13} & p_{23}^2 & p_{23}p_{33} \\ p_{13}p_{33} & p_{23}p_{33} & p_{33}^2 \end{bmatrix} \tag{6.241}$$

Damit kann die **Riccatti**-Gleichung gebildet werden:

$$\begin{bmatrix} -p_{13} & p_{11} & p_{12} \\ -p_{23} & p_{12} & p_{22} \\ -p_{33} & p_{13} & p_{23} \end{bmatrix} + \begin{bmatrix} -p_{13} & -p_{23} & -p_{33} \\ p_{11} & p_{12} & p_{13} \\ p_{12} & p_{22} & p_{23} \end{bmatrix}$$

$$= \begin{bmatrix} p_{13}^2 & p_{23}p_{13} & p_{33}p_{13} \\ p_{23}p_{13} & p_{23}^2 & p_{23}p_{33} \\ p_{13}p_{33} & p_{23}p_{33} & p_{33}^2 \end{bmatrix} - \begin{bmatrix} q_1 & 0 & 0 \\ 0 & q_2 & 0 \\ 0 & 0 & q_3 \end{bmatrix} \tag{6.242}$$

Aus diesen Matrizen können sechs Gleichungen für die insgesamt sechs Unbekannten zusammengestellt werden. Es ergibt sich ein nicht lineares Gleichungssystem, dessen Gleichungen stark miteinander verwoben sind. Da die manuelle Lösbarkeit in diesem Fall an Grenzen stößt, wird hier zu einem numerischen Verfahren gegriffen, um den Wert der Variablen zu ermitteln. Für die Gewichtsfaktoren wird gewählt: $q_1 = q_2 = q_3 = 1$

$$-2p_{13} = p_{13}^2 - 1 \tag{6.243}$$

$$2p_{12} = p_{23}^2 - 1 \tag{6.244}$$

$$2p_{23} = p_{33}^2 - 1 \tag{6.245}$$

$$p_{11} - p_{23} = p_{23}p_{13} \tag{6.246}$$

$$p_{12} - p_{33} = p_{33}p_{13} \tag{6.247}$$

$$p_{22} - p_{13} = p_{23}p_{33} \tag{6.248}$$

Abb. 6.20 Excel-Protokoll der
Gl. 6.256, Fehler $\Delta = -0{,}05$

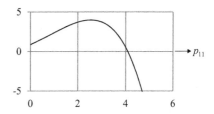

3. Lösen der Riccatti-Gleichungen

Es sind nur positive Lösungen zulässig!

$$(6.243) \Rightarrow p_{13} = -1 + \sqrt{1+1} = 0{,}414$$

$$(6.246) \Rightarrow p_{11} = p_{23}(p_{13}+1) = \sqrt{2}p_{23} \qquad (6.249)$$

$$(6.249) \Rightarrow p_{23}^2 = \frac{p_{11}^2}{2} \qquad (6.250)$$

$$(6.247) \Rightarrow p_{12} = p_{33}(p_{13}+1) = \sqrt{2}p_{33} \qquad (6.251\text{a})$$

$$(6.251\text{a}) \Rightarrow p_{33}^2 = \frac{p_{12}^2}{2} \qquad (6.251\text{b})$$

$$\Rightarrow p_{23}p_{33} = \frac{1}{2}p_{11}p_{12} \qquad (6.252)$$

$$(6.250) \text{ in } (6.244)\colon 2p_{12} = \frac{p_{11}^2}{2} - 1 \qquad (6.253)$$

$$(6.251\text{b}), (6.249) \text{ in } (6.245)\colon \sqrt{2}p_{11} = \frac{p_{12}^2}{2} - 1 \qquad (6.254)$$

$$(6.243), (6.252) \text{ in } (6.248)\colon p_{22} + p_{13} = \frac{1}{2}p_{11}p_{12} \qquad (6.255)$$

$$(6.251\text{a}), (6.251\text{b}), (6.249) \text{ in } (6.245)\colon \sqrt{2}p_{11} = \frac{1}{8}\left(\frac{p_{11}^2}{2} - 1\right)^2 - 1 \qquad (6.256)$$

Ausmultipliziert erhält man eine Gleichung vierten Grades:

$$\frac{p_{11}^4}{4} - p_{11}^2 - 8\sqrt{2}p_{11} - 7 = 0 \qquad (6.257)$$

Auf numerischem Weg findet man als Lösung: $p_{11} = 4{,}1$

Die restlichen Lösungen ergeben sich aus den Gln. 6.243–6.247:

$$p_{11} = 4,1$$
$$p_{12} = 3,70$$
$$p_{13} = 0,4142$$
$$p_{22} = 7,1785$$
$$p_{23} = 2,899$$
$$p_{33} = 2,6185 \tag{6.258}$$

Die optimale Rückführung berechnet sich mit der Lösungsmatrix der **Riccatti**-Gleichung:

$$u_r(t) = \begin{pmatrix} 0 & 0 & 1 \end{pmatrix} \begin{bmatrix} 4,1 & 3,70 & 0,4142 \\ 3,70 & 7,1785 & 2,899 \\ 0,4142 & 2,899 & 2,6185 \end{bmatrix} \begin{bmatrix} x_1(t) \\ x_2(t) \\ x_3(t) \end{bmatrix} \tag{6.259}$$

$$= 0,4142 x_1(t) + 2,899 x_2(t) + 2,6185 x_3(t) \tag{6.260}$$

Der Wert des Vorfilters kann jetzt berechnet werden:

$$v = \left[\vec{c}^T \left(\vec{b} \vec{f}^T - \vec{A} \right)^{-1} \vec{b} \right]^{-1}$$

$$= \left[\begin{pmatrix} 1 & 0 & 0 \end{pmatrix} \left(\begin{bmatrix} 0 \\ 0 \\ 1 \end{bmatrix} \begin{bmatrix} 0,4142 & 2,899 & 2,6185 \end{bmatrix} - \begin{bmatrix} 0 & 1 & 0 \\ 0 & 0 & 1 \\ -1 & 0 & 0 \end{bmatrix} \right)^{-1} \begin{bmatrix} 0 \\ 0 \\ 1 \end{bmatrix} \right]^{-1}$$

$$= \sqrt{2} \tag{6.261}$$

4. Die Sprungantwort

Die Übertragungsfunktion folgt unter Berücksichtigung der Gl. 6.235 unmittelbar aus der Abb. 6.21:

$$\frac{x_1(s)}{w(s)} = \frac{\sqrt{2}}{s^3 + 2,6185 s^2 + 2,899 s + \sqrt{2}} \tag{6.262}$$

Nach einer Partialbruchzerlegung erhält man die beiden Brüche:

$$\frac{x_1(s)}{w_0} = \frac{1}{s} - \frac{2,899 + 2,6185 s + s^2}{s^3 + 2,6185 s^2 + 2,899 s + \sqrt{2}} \tag{6.263}$$

Eine Nullstelle des Nennerpolynoms lässt sich erraten:

$$s_1 = -1,15 \tag{6.264}$$

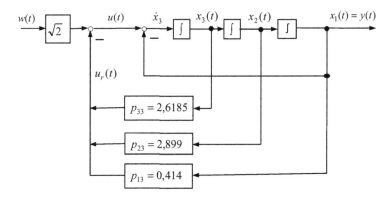

Abb. 6.21 Der optimale Regelkreis eines Dreispeicher-Systems

Durch Polynomdivision kann der Grad des Nennerpolynoms des zweiten Teilbruchs reduziert werden:

$$T = \frac{2,899 + 2,6185s + s^2}{(s + 1,15)\,(s^2 + 1,468s + 1,21)} \tag{6.265}$$

Eine erneute Partialbruchzerlegung basiert auf der Quadratform des Nennerpolynoms:

$$T = \frac{1,4346}{s + 1,15} + \frac{1,0123 - 0,4346s}{s^2 + 1,468s + 1,21} \tag{6.266}$$

Die weiteren Nullstellen sind konjugiert komplex und werden nur in ihrer Quadratform verwendet:

$$s_{2/3} = -0,734 \pm j\,0,82 \tag{6.267}$$

Die Rücktransformation der Ursprungsbildfunktion ist mithilfe von Korrespondenztabellen leicht möglich:

$$\begin{aligned}
\frac{x_1(s)}{w_0} &= \frac{1}{s} - \frac{1,4346}{s + 1,15} - \frac{1,0123 - 0,4346s}{s^2 + 1,468s + 1,21} \\
&= \frac{1}{s} - \frac{1,4343}{s + 1,15} + 0,4343\left[\frac{s + 0,734}{(s + 0,734)^2 + 0,6712}\right. \\
&\qquad \left. - \frac{3,0633}{\sqrt{0,6712}}\frac{\sqrt{0,6712}}{(s + 0,734)^2 + 0,6712}\right]
\end{aligned} \tag{6.268}$$

$$\frac{x_1(t)}{w_0} = 1 - 1,4343e^{-1,15t} + 0,4343e^{-0,734t}\,[\cos 0,819t - 3,739\sin 0,819t] \tag{6.269}$$

Die optimale Steuerfunktion lässt sich aus der folgenden Beziehung errechnen:

$$u(s) = w(s)1,4142 - \left(2,6185s^2 + 2,89s + 0,414\right)\frac{u(s)}{s^3 + 1} \tag{6.270}$$

Abb. 6.22 Optimale Einschwingkurve eines Drei-Speichersystems: $q_1 = q_2 = q_2 = 1$; $r = 1$

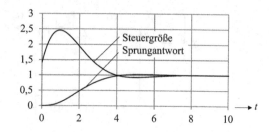

Durch Umstellung dieser Gleichung ergibt sich die Übertragungsfunktion:

$$\frac{u(s)}{w(s)} = \frac{1,4142\,(s^3 + 1)}{s^3 + 2,6185s^2 + 2,98s + 1,4142} \tag{6.271}$$

Die Steuerfunktion beginnt bei

$$\lim_{t \to 0} \frac{u(t)}{w_0} = \lim_{s \to \infty} s \cdot \frac{1}{s} \cdot \frac{1,4142\,(s^3 + 1)}{s^3 + 2,6185s^2 + 2,98s + 1,4142} = \sqrt{2} \tag{6.272}$$

Ihr stationärer Endwert liegt bei

$$\lim_{t \to \infty} \frac{u(t)}{w_0} = \lim_{s \to 0} s \cdot \frac{1}{s} \cdot \frac{\sqrt{2}\,(s^3 + 1)}{s^3 + 2,6185s^2 + 2,98s + 1,4142} = 1 \tag{6.273}$$

Nach einer Partialbruchzerlegung und Zusammenfassung der Teilbrüche erhält man:

$$\begin{aligned}
\frac{u(s)}{w_0} &= \frac{2,213}{s + 1,15} - \frac{0,8s + 2,328}{s^2 + 1,468s + 1,21} + \frac{1}{s} - \frac{1,5269}{s + 1,15} - \frac{0,5269s - 0,9829}{s^2 + 1,468s + 1,21} \\
&= \frac{0,6861}{s + 1,21} - 0,2731\frac{s + 0,739}{(s + 0,739)^2 + 0,6712} - 3,7964\frac{0,8195}{(s + 0,739)^2 + 0,6712}
\end{aligned} \tag{6.274}$$

$$\frac{u(t)}{w_0} = 1 + 0,6861e^{-1,15t} - 0,2731e^{-0,739t}\cos 0,8193t - 3,7964e^{-0,739t}\sin 0,8193t \tag{6.275}$$

Die Funktion ist in Abb. 6.22 dokumentiert.

∎

6.4 Zusammenfassung

Unter Optimieren versteht man im Allgemeinen etwas weiter zu verbessern, oder auch in einen bestmöglichen Zustand zu versetzen. Hierbei sind meistens Einschränkungen, die Nebenbedingungen, zu berücksichtigen. Bezieht man die Optimierungsaufgabe auf Regelkreise, ist oft eine gewünschte Dynamik die zu optimierende Aufgabe. **Optimierungsziel**, einschließlich Nebenbedingungen, werden in einem geeigneten **Gütekriterium** zusammengefasst, wobei die Formulierung des Gütekriteriums unterschiedlich sein kann. Das Ergebnis der Optimierung hängt dann immer von der Zusammenstellung des Kriteriums ab. Das gefundene Optimum, falls es existiert, ist immer eine Funktion des gewählten Gütekriteriums.

In der klassischen Regelungstechnik verwendet man meistens ein **quadratisches Gütekriterium**, um einerseits Vorzeichenprobleme zu unterbinden, andererseits größere Abweichungen durch eine stärkere Gewichtung wirksamer zu berücksichtigen. Nebenbei sind solche Optimierungsaufgaben mathematisch leichter zu behandeln.

Der Abschn. 6.1 erklärt, wie das dynamische Verhalten eines Systems erster Ordnung optimiert werden kann. Als Gütekriterium wird ein Integralkriterium verwendet, dessen Fläche zu einem Minimum gemacht wird, Gln. 6.9–6.11. Die minimale Fläche ist neben den unveränderlichen Systemparametern auch eine Funktion von gezielt gewählten Gewichtsfaktoren für die Ausgangs- und Steuergröße als auch von einem Faktor, der Rückführung, Gl. 6.17. Er repräsentiert den **Regler** des **Zustandsregelkreises**, Abb. 6.1. Die Abb. 6.2 zeigt Antwortfunktionen eines optimal eingestellten Regelkreises erster Ordnung in Abhängigkeit der Gewichtsfaktoren: Je größer der Gewichtsfaktor q bei festem r gewählt wird, desto schneller ist die Regelung, leider bei einer höheren Dynamik der Stellgröße.

Abschn. 6.2 beschreibt die Optimierung von Mehrgrößensystemen. Man benutzt hier ein **allgemeines quadratische Gütekriterium.** Bei der Zusammenstellung des Gütekriteriums interpretiert man die mit den Gewichtsfaktoren belegten Steuergrößen als **energieoptimalen Anteil**, die mit Gewichtsfaktoren beschwerten Zustandsgrößen als **verbrauchoptimalen Anteil.** Soll eine Steuergröße gegenüber den restlichen vorwiegend wirtschaftlich eingesetzt werde, wählt man den zugeordneten Gewichtsfaktor im Vergleich zu den restlichen Gewichtsfaktoren besonders groß. Bei der Regelgröße verfährt man nach gleichem Muster. Eine stark gewichtete Ausgangsgröße wird schwingungsärmer auf ihren Ruhepunkt einpendeln als eine schwach gewichtete Komponente. Im allgemeinen quadratischen Gütekriterium werden beide Komponenten zusammengeführt. Die Auswahl der Gütefaktoren liegt in der Hand des Anwenders und kann nicht in einem geschlossenen Verfahren gezielt berechnet werden, was unter Umständen zu weiterer Rechengänge führen kann.

Ziel der Optimierung ist eine optimale Steuerfunktion unter Nebenbedingungen. In Abschn. 6.2.4 ist der Lösungsweg der Optimierungsaufgabe aufgeführt. Benutzt wird hierbei die **Lagrange Multiplikationsregel zur Extremwertbestimmung**. Das Ergebnis sind die **Lagrange-Gleichungen.** Aus diesem System lässt sich eine Matrizengleichung zusammenstellen, die den Namen **Matrix-Riccatti-Gleichung** trägt. Eine symmetrische, positiv definite $(n \times n)$-Matrix (siehe Aufgabe 1) stellt eine Lösung dieser Gleichung dar. Mit ihr können die optimale Rückführmatrix und auch der optimale Steuervektor berechnet werden. Ein Regler, die optimale Rückführmatrix, der nach diesem Verfahren entsteht, nennt man auch **Riccatti-Regler**.

Im Abschn. 6.2.6 wird der Lösungsweg einer Optimierung an einem System zweiter Ordnung vorgeführt. Die Sprungantworten sind die Ergebnisse von jeweils optimal eingestellten Regelkreisen. Die Abb. 6.8 zeigt, eine Einschränkung der Regelgröße durch einen hohen Gewichtsfaktor q_1 führt zu heftigen Ausschlägen der Stellgröße (Abb. 6.8, Teil B, Kurven a) und d)). Die beiden Kurven b) und c) verdeutlichen einen ähnlichen Gegensatz. Der jeweils größere Gewichtsfaktor bei der Regelgröße im Vergleich zu einem Bezugswert führt zu einem vielleicht gewünschten schnelleren Einschwingvorgang, (Abb. 6.8, Kurven b) und c) sowie Kurven a) und d) in Abb. 6.8, Teil A).

Literatur

1. Müller, K.: Entwurf robuster Regelungen. Hochschule Bremen, Springer, Bremen, Berlin, Heidelberg (1996)
2. Föllinger, O.: Optimale Regelung und Steuerung, 3. Aufl. R. Oldenburg, München Wien (1994). Reprint 2014
3. Steffenhagen, B.: Formelsammlung Zustandsraum. FH-Stralsund, Stralsund (2013)
4. Nelles, O.: Zustandsraum und Digitale Regelung. University of Siegen, Siegen (2015)
5. Otto, K.-D.: Moderne Methoden der Regelungstechnik. LRT 15 MMR MA HAT. (2010)
6. Ameling, W.: Laplace-Transformation, Naturwissenschaft und Technik. Vieweg, Braunschweig Wiesbaden (1984)

Stichwortverzeichnis

© Springer Fachmedien Wiesbaden GmbH, ein Teil von Springer Nature 2019
H. Walter, *Zustandsregelung*, https://doi.org/10.1007/978-3-658-21075-5

Printed in the United States
By Bookmasters